AF648746

Carl-Auer
Fachbücher für jede:n

Ben Furman
Tapani Ahola

TWIN STAR – LÖSUNGEN VOM ANDEREN STERN

TEAMENTWICKLUNG FÜR MEHR ERFOLG UND ZUFRIEDENHEIT AM ARBEITSPLATZ

Aus dem Englischen übersetzt von Astrid Hildenbrand und Nicola Offermanns

Sechste, vollständig überarbeitete Auflage, 2023

Reihe »Fachbücher für jede:n«
Reihengestaltung und Satz: Nicola Graf, Freinsheim, www.nicola-graf.com
Umschlaggestaltung: B. Charlotte Ulrich
Umschlagmotiv: © Ben Furman
Redaktion: Uli Wetz
Printed in Germany
Druck und Bindung: CPI books GmbH, Leck

Sechste, vollst. überarb. Auflage, 2023
ISBN 978-3-8497-0456-8 (Printversion)
ISBN 978-3-8497-8443-0 (ePUB)
© 2004, 2023 Carl-Auer-Systeme Verlag und Verlagsbuchhandlung GmbH, Heidelberg
Alle Rechte vorbehalten

Das Original erschien unter dem Titel ”Työpaikan hyvä henki ja kuinka se tehdään” im Verlag Tammi, Helsinki, Finnland
© Helsinki Brief Therapy Institute, Inc., 2002, 2023

Bibliografische Information der Deutschen Nationalbibliothek:
Die Deutsche Nationalbibliothek verzeichnet diese Publikation in der Deutschen Nationalbibliografie; detaillierte bibliografische Daten sind im Internet über http://dnb.d-nb.de abrufbar.

Informationen zu unserem gesamten Programm, unseren Autoren und zum Verlag finden Sie unter: **www.carl-auer.de**.
Dort können Sie auch unseren Newsletter abonnieren.

Carl-Auer Verlag GmbH
Vangerowstraße 14 · 69115 Heidelberg
Tel. +49 6221 6438-0 · Fax +49 6221 6438-22
info@carl-auer.de

Einführung

Ich hasse es, Regeln aufzustellen –
die Leute könnten sie am Ende ernst nehmen.

In der westlichen Welt wird den Menschen zunehmend bewusst, dass ein gutes Betriebsklima und Zufriedenheit am Arbeitsplatz von großer Bedeutung sind. Eine unbefriedigende Arbeitssituation oder eine gestresste Belegschaft führt zu hohem Krankenstand, größerer Personalfluktuation, vorzeitigem Ruhestand und vor allem zu einem Mangel an guter Kooperation, sodass die Effizienz der Arbeit hinter den Möglichkeiten zurückbleibt.

Wenn hingegen die Arbeitsatmosphäre harmonisch ist und allgemeine Zufriedenheit herrscht, sind die Mitarbeiter[1] gesünder und bleiben dem Unternehmen länger erhalten, außerdem arbeiten die Teams besser zusammen. Das hat auch einen positiven Effekt auf die Produktivität, denn die Mitarbeiter sind unter solchen Bedingungen eher proaktiv und innovativ. Die psychische Befindlichkeit am Arbeitsplatz zu verbessern bedeutet im Kern, sich um das Wohl der wichtigsten Ressourcen eines Unternehmens zu kümmern: der Mitarbeiter.

Es ist also nicht überraschend, dass man in fast allen Unternehmen und Organisationen weltweit begonnen hat, sich stärker mit Fragen zum Arbeitsumfeld und zur Mitarbeiterzufriedenheit zu befassen. Der Markt wird überschwemmt mit allen möglichen Arten von Bewertungsinstrumenten, die den Organisationen helfen sollen herauszufinden, wie zufrieden oder unzufrieden, glücklich oder unglücklich ihre Belegschaft ist. Diese Tools sind – etikettiert als »Umfragen zur Zufriedenheit am Arbeitsplatz«, »Mitarbeiter-Barometer«, »System zur Kartierung des Arbeitsumfeldes« oder »Fragebogen zur Arbeitsbelastung« – rasch zu einem festen Bestandteil unseres Arbeitslebens geworden. Mit ihrer Hilfe versuchen Betriebe und Organisationen, Probleme aufzuspüren und herauszufinden, wie die Mitarbeiter in den einzelnen Abteilungen zurechtkommen.

1 Zur besseren Lesbarkeit verwenden wir bei allgemeinen Personenbezeichnungen das generische Maskulinum. Selbstverständlich sind damit immer alle Geschlechter gemeint.

Umfragen zur Mitarbeiterzufriedenheit haben sich unserer Ansicht nach allerdings als zweischneidiges Schwert erwiesen. Im besten Falle demonstriert ihr Gebrauch, dass ein Unternehmen am Wohlbefinden seines Personals interessiert ist, dass man ein offenes Ohr für die Mitarbeitenden hat und Anstrengungen unternimmt, auf der Basis der Umfrageergebnisse das Betriebsklima zu verbessern. Doch in der Praxis gehen solche gut gemeinten Initiativen zur Mitarbeiterbefragung oft nach hinten los und verschlechtern die Arbeitsatmosphäre eher, als dass sie sie verbessern würden.

Das kann z. B. leicht geschehen, wenn es regelmäßige Umfragen am Arbeitsplatz gibt, deren Ergebnisse anschließend aber keinerlei Konsequenzen nach sich ziehen. In diesen Fällen verliert die Belegschaft schnell das Vertrauen in solche Befragungen und empfindet das Ausfüllen von Fragebogen irgendwann nur noch als Zumutung. Infolgedessen nehmen immer weniger Mitarbeiter derlei Erhebungen ernst, was wiederum die Ergebnisse wenig aussagekräftig macht, wenn sie nicht sogar ganz in die Irre führen.

Auch kommt es häufig vor, dass man im Betrieb auf der Grundlage der Ergebnisse dieser Befragungen diskutiert, weshalb wohl der eine oder andere Geschäftsbereich unterdurchschnittlich bewertet wird. Das führt fast immer dazu, dass die entsprechenden Kollegen das Gefühl haben, sie würden kritisiert oder für die Situation verantwortlich gemacht. Wer sich attackiert fühlt, wird sich verteidigen und die Schuld auf andere schieben, was die Arbeitsatmosphäre noch weiter verschlechtert.

Im schlimmsten Falle ist die Situation so, wie wir sie in einem Kaufhaus vorgefunden haben: Ein Manager berichtete, dass die Atmosphäre in seiner Abteilung viel besser gewesen sei, bevor das Unternehmen regelmäßige Befragungen zum Betriebsklima eingeführt hatte.

Als wir begannen, uns mit der Entwicklung von Arbeitsumfeldern zu beschäftigen, wurde uns diese Gefahr schnell bewusst. Es war klar, dass das Management, die Personalverantwortlichen und Gesundheitsbeauftragten ein genuines Interesse daran hatten, die Arbeitsbedingungen zu verbessern und das psychische Wohlbefinden der Belegschaft zu fördern. Die Methoden, die sie dazu anwendeten, erschienen uns aber kontraproduktiv. Wir kannten dieses Problem schon aus unserer Arbeit mit der Kurzzeittherapie, deren Kernaussage es ja ist, dass die versuchten Lösungen die Probleme oft nur verschlimmern.

Kurzzeittherapie, wie wir sie kennengelernt haben, bezieht sich auf einen Psychotherapieansatz, der auf den Ideen des amerikanischen Psychiaters Milton H. Erickson beruht und ursprünglich in den 1960er-Jahren am Mental Research Institute in Palo Alto, Kalifornien, entwickelt wurde. Diese Therapie gründet sich auf das Prinzip, dass Probleme, deretwegen Menschen Hilfe suchen, nicht ihre eigentlichen Probleme sind. Die echten Probleme sind viel eher die unternommenen Lösungsversuche – also das, was sie in der Hoffnung unternehmen, ihre Probleme loszuwerden. Die Kurzzeittherapie richtet den Blick darauf, was die Klienten bisher zur Problemlösung ausprobiert haben, und hilft ihnen dann, andere Lösungsideen zu entwickeln, die den Teufelskreis durchbrechen, der das Problem am Leben erhält.

Aus der Erfahrung heraus, dass die übliche Art und Weise, wie man über Probleme spricht, die Dinge häufig nur noch schlimmer macht, haben wir ganz bewusst schon vor Jahren begonnen, nach einer lösungsorientierten Methode zu suchen, mit der wir diese Klippe umgehen können. Es sollte ein methodischer Ansatz und eine Art der Gesprächsführung sein, die es den Betroffenen erlauben, gemeinsam nach Lösungen zu suchen, statt darüber nachzudenken, was die Probleme verursacht hat oder – noch schlimmer – wer schuld daran ist. Als wir in den späten 1980er-Jahren auf den revolutionären Ansatz der lösungsfokussierten Kurzzeittherapie stießen, wurde uns klar, dass wir genau das gefunden hatten, wonach wir gesucht hatten. Diese Herangehensweise bot eine glänzende Antwort auf das Thema der gegenseitigen Schuldzuweisung – eben weil sie nicht in erster Linie auf die Probleme fokussiert. Stattdessen lenkt sie die Aufmerksamkeit auf die Hoffnungen und Ziele der Menschen und natürlich darauf, auf welchem Weg wir sie erreichen können.

Die lösungsfokussierte Psychotherapie als eine Form der Kurzzeittherapie haben Insoo Kim Berg und Steve de Shazer in den Vereinigten Staaten zusammen mit Kolleginnen und Kollegen am Milwaukee Brief Family Therapy Center in den 1970er- und 1980er-Jahren entwickelt. Sie ist eine konstruktive, unterstützende Therapiemethode, die durch das Gespräch mit dem Klienten auf die Lösung von Problemen zielt. Dabei konzentriert man sich nicht auf die Probleme, sondern auf die sorgfältige Abklärung der Hoffnungen und Ziele der Klienten, auf die Nutzung verfügbarer Ressourcen und auf die Verstärkung positiver Entwicklungen, die bereits im Gang sind. Der lösungsfokussierte Ansatz eignet sich nicht nur in therapeutischen Kontexten, sondern auch für die Problemlösung generell sowie für Kindererziehung, Konfliktlösung, sportliche Trainingsprogramme, Förderung gesunder Lebensweisen, Selbsthilfe – und nicht zuletzt auch für die Teambildung und Personalentwicklung in Unternehmen.

Als wir von der lösungsfokussierten Therapie erfuhren, begannen wir sofort, sie in unsere Arbeitsweise zu integrieren, und stellten fest, dass ihre einfachen Prinzipien auch in der Praxis gut funktionieren. Sobald wir die Zeit nicht mehr darauf verwandten, uns gemeinsam mit Klienten den Kopf darüber zu zerbrechen, was die Probleme möglicherweise verursacht hat, und stattdessen die verfügbare Zeit nutzten, um darüber nachzudenken, wie sie die Dinge stattdessen in der Zukunft gerne hätten, nahmen unsere Gespräche einen hoffnungsvolleren Ton an und wirkten viel stärker inspirierend. Dabei stellten die Klienten oft fest, dass sie bereits auf dem richtigen Weg waren, und konnten deshalb selbst verschiedene Lösungsideen entwickeln. Diese Herangehensweise hatte auch auf uns einen günstigen Effekt. Wir sahen unsere Klienten zunehmend in einem positiveren Licht: Wir sahen sie als kompetente und fähige Menschen, die den Schlüssel zur Lösung ihrer Probleme in den Händen hielten, auch wenn ihnen das nicht immer bewusst war.

In den 1990er-Jahren bekamen wir immer mehr Anfragen von Klienten, die wegen verschiedener Probleme im Zusammenhang mit dem Arbeitsklima um Rat baten. Dazu zählten z. B. angespannte Atmosphäre im Betrieb, schlechter Teamgeist, Schwierigkeiten mit dem Verhalten eines Mitarbeiters, Spannungen im Verhältnis zwischen Vorgesetzten und Untergebenen, schlechte Ergebnisse in den Umfragen über das Betriebsklima, Arbeitsabläufe im Team, die nicht so glatt liefen wie erhofft, oder sonstige Konflikte, die die Beteiligten nicht allein lösen konnten.

Als wir mit den Mitarbeitern der Unternehmen und Organisationen, für die wir tätig waren, darüber diskutierten, wie sich die Lage verbessern ließe, folgten wir natürlich dem von uns favorisierten lösungsfokussierten Ansatz – und es stellte sich bald heraus, dass wir die richtige Wahl getroffen hatten. Der Lösungsfokus eignet sich gut für Belegschaften. Die Mitarbeitenden empfanden es als große Erleichterung, dass sie sich nicht hinsetzen und über Problemen brüten mussten, sondern gemeinsam eine bessere Zukunft entwerfen konnten. Es herrschte stets eine gute Gesprächsatmosphäre, in der die Beteiligten entspannt diskutieren und ihren Ideen zur Problemlösung freien Lauf lassen konnten. Selbst Mitarbeiter, von denen man angenommen hatte, dass sie einer Teamentwicklung reserviert gegenüberstehen, beteiligten sich nun gern an lösungsfokussierten Gesprächen.

Inspiriert durch das, was wir bei der Anwendung lösungsfokussierter Prinzipien beobachten konnten, erarbeiteten wir detaillierte Leitlinien, nach denen die Teams ihre Funktionalität voll entfalten und den Teamgeist verbessern konnten. Wir erstellten ein ganzheitliches, lösungsfokussiertes Programm zur Teamentwicklung und verfassten dazu ein Arbeitsbuch für Teams. In diesem Zusammenhang benutzten wir auch erstmalig den Begriff »Reteaming« zur Beschreibung unserer Methode.

Aus den praktischen Erfahrungen mit dem Reteaming-Prozess, mit dem wir in zahlreichen Unternehmen und Organisationen am Betriebsklima gearbeitet haben, haben wir im Laufe der Zeit eine klare Vorstellung davon entwickelt, welche Faktoren für das psychische Wohlbefinden am Arbeitsplatz entscheidend sind. Obwohl Aspekte wie Bezahlung, Arbeitsbelastung und Karriereaussichten der einzelnen Mitarbeiter selbstverständlich das Arbeitsklima beeinflussen, nannten unsere Klienten in den Gesprächen doch immer wieder eher die Faktoren, die mit den zwischenmenschlichen Beziehungen und der Zusammenarbeit zu tun haben.

Damit sich die Mitarbeiter an ihrem Arbeitsplatz und im Betrieb wohlfühlen, müssen sie mehr angenehme als unangenehme

Erfahrungen machen können. Wir haben die Hoffnungen und Bestrebungen von Belegschaften untersucht und den Schluss gezogen, dass sich das psychische Wohlbefinden sowohl daraus ableitet, dass Mitarbeiter bestimmte angenehme Erfahrungen machen, als auch daraus, dass man Situationen in den Griff bekommt, die das psychische Wohl der Belegschaft sonst bedrohen könnten. Die Tatsache allein, dass jemand mehr positive Erlebnisse am Arbeitsplatz hat, reicht aber noch nicht dafür aus, psychisches Wohlbefinden zu garantieren. Man muss in Situationen, die Konfliktpotenzial haben, auch bedacht handeln können. Mit anderen Worten: Es genügt nicht, dass man lernt, wie man sich gegenseitig positive Rückmeldung geben kann; man muss auch lernen, auf einfühlsame und konstruktive Weise Kritik zu üben.

Unser Ziel war es, die Aspekte zwischenmenschlicher Beziehung aufzuspüren, die den größten Einfluss auf das psychische Wohl eines Teams haben. Die Ergebnisse unserer Arbeit zeigten vier Hauptfaktoren auf, die dabei einen positiven Effekt haben. Und sie machen auf vier Hauptprobleme aufmerksam, die, wenn sie nicht konstruktiv angegangen werden, die Zufriedenheit eines Teams bedrohen. Die entscheidenden Faktoren, die zu den erwünschten Erfahrungen führen, sind:

- Wertschätzung
- Erfolg
- Anteilnahme
- Spaß.

Die entscheidenden Situationen, die das psychische Wohlbefinden gefährden, sind:

- Probleme
- Kritik
- Kränkungen
- Rückschläge.

Wir legten diese acht Faktoren in Form zweier vierzackiger Sterne übereinander und hatten somit ein Symbol erschaffen, das wir *Twin Star* (»Zwillingsstern«) nannten. Wir setzten es in unseren

Vorträgen und Lehrgängen als Hilfsinstrument ein und erkannten schnell, wie nützlich es ist, weil es einen Gesamtüberblick über ein Geschehen bietet, das mit einem einzelnen Konzept nur schwer zu erfassen ist. Der *Twin Star* wurde zu einem Modell, mit dem man sachlich und Schritt für Schritt über einen komplexen Gegenstand sprechen kann, ohne sich zu verzetteln oder den Faden zu verlieren.

Die Zacken des *Twin Star* weisen wie bei einem Kompass auf die für das psychische Wohlbefinden entscheidenden Faktoren hin. Entwickelt wurde der *Twin Star* als Werkzeug zur Förderung des psychischen Wohlbefindens in Teams, er lässt sich aber auch als Bewertungsinstrument dafür einsetzen, das Wohlbefinden oder einen Entwicklungsbedarf in bestimmten Bereichen zu evaluieren und auch andere Faktoren zu verbessern, darunter Aspekte wie Kundenzufriedenheit, Kompetenz von Vorgesetzten und sogar die Qualität von Paarbeziehungen sowie die individuelle Lebenszufriedenheit.

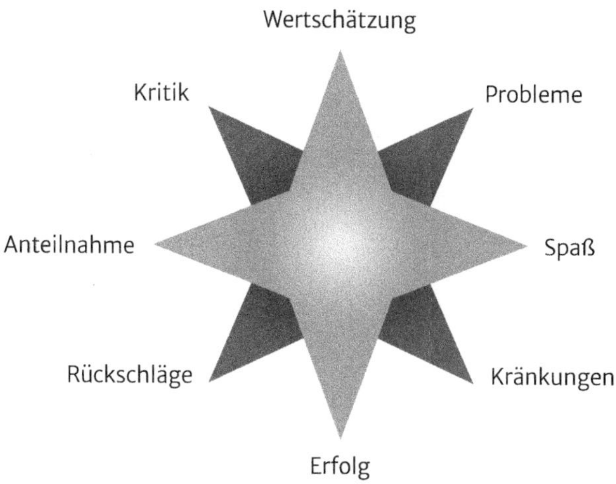

1 WERTSCHÄTZUNG

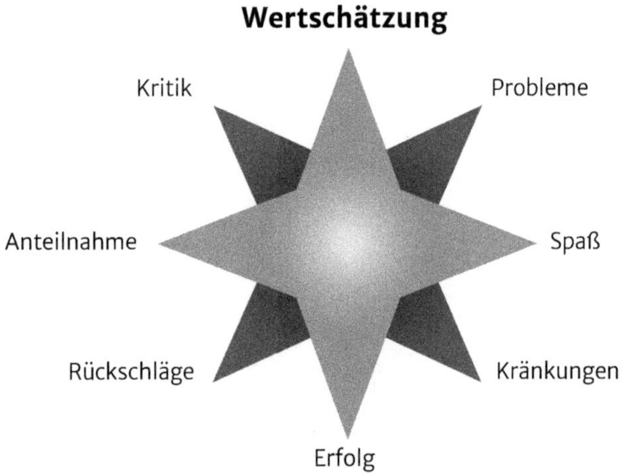

In einem Technologieunternehmen diskutierten wir mit einer Arbeitsgruppe über Teamarbeit allgemein und über Möglichkeiten der Teamentwicklung. Bei unserer Ankunft verkündete der Gruppenleiter stolz, dass in dieser Gruppe ein außergewöhnlich guter Teamgeist herrsche. In der Besprechung mit den Mitarbeitern erzählten wir, dass man uns über den guten Teamgeist unterrichtet habe, und erkundigten uns, wie sie sich das erklärten bzw. wie sie es schafften, eine so gute Atmosphäre zu erzeugen. Sie bestätigten uns sofort, dass es einen starken Teamgeist gebe, konnten aber nicht sagen, was dafür verantwortlich sei.

Dann teilten wir sie in kleinere Gruppen ein, um diese Frage zu erörtern, und nach einem kurzen Austausch in kleineren Runden stimmten alle darin überein, dass es deshalb einen guten Teamgeist gebe, weil alle Gruppenmitglieder ihre fachliche Kompetenz gegenseitig schätzten.

Wir fragten weiter: »Es ist doch in vielen Arbeitssituationen so, dass man das fachliche Wissen und Können der anderen schätzt, und trotzdem fühlt man sich nicht ausreichend gewürdigt. Wie kommt es, dass Sie Ihre Wertschätzung den anderen erfolgreich vermitteln können?«

Wiederum konnten sie das nicht mit Sicherheit beantworten. Deshalb gaben wir ihnen noch mal Zeit, in Kleingruppen über diese Frage nachzudenken. Innerhalb kürzester Zeit waren sie sich einig: Der Geist der Wertschätzung war vor allem der Tatsache zuzuschreiben, dass sie sich häufig gegenseitig um Rat fragten bzw. um Hilfe baten.

Wir zeigen anderen Menschen selten unsere Wertschätzung dadurch, dass wir direkt auf sie zugehen und sie frank und frei loben. Wertschätzung ist etwas, das der andere eher »zwischen den Zeilen« liest – anhand der Art, wie wir mit ihm umgehen, inwieweit wir Interesse an ihm bekunden, und vor allem daran, in welcher Form wir ihm unsere Wertschätzung zeigen.

Wertschätzung bedeutet, dem anderen zu sagen, dass er wichtig ist und dass seine Arbeit geschätzt wird. Wertschätzung ist der Kraftstoff, der uns Menschen antreibt.

Hier gilt die altbekannte Regel: Damit ein Mensch lernen und sich entwickeln kann, braucht er für jedes kritische Wort fünf Worte der Ermutigung. Man arbeitet nicht nur, um Geld zu verdienen; wir wollen auch, dass unser Können, unsere Fähigkeiten, der Fleiß, die Sorgfalt, die klugen Ideen und unsere Arbeit geschätzt werden.

Von wem wünschen Sie sich Wertschätzung für Ihre Arbeit?

> Ein Autor hatte zahlreiche populärwissenschaftliche Bücher geschrieben, die sehr gut ankamen und sich erfolgreich verkauften. Die Öffentlichkeit überschüttete ihn mit Anerkennung. Als er aber über seinen Erfolg befragt wurde, antwortete er, dass er trotz der gesellschaftlichen Anerkennung und der zahlreichen Auszeichnungen darunter leide, dass er von seinen eigenen Kollegen niemals eine positive Rückmeldung auf seine Schriften erhalten habe. Er war von der Kritik gefeiert worden, litt aber unter dem Mangel an Anerkennung durch seine Fachkollegen.

Kommt Ihnen diese Schilderung vertraut vor? Ja, alle schätzen Ihre Arbeit, nur dieser eine Mensch versagt Ihnen die geringste Anerkennung für Ihre Leistung ...

> »Ich weiß, dass mein Chef meine Arbeit wirklich schätzt, aber es ärgert mich, dass meine Familie nicht zu würdigen scheint, was ich tue.«

Oder:

> »Meine Kunden schätzen unsere Arbeit wirklich, aber warum kann mein Chef kein Wort darüber verlieren, dass auch er mit meiner Arbeit zufrieden ist?«

Selbstverständlich legen wir Wert darauf, *wer* unsere Arbeit schätzt. Weil wir normalerweise Anerkennung von den Menschen wünschen, die wir respektieren und deren Meinung uns wichtig ist, bedeutet uns z. B. die Wertschätzung des direkten Vorgesetzten außerordentlich viel. Selbstverständlich kann das genauso gelten für ein positives Feedback unserer Kunden oder, wenn die Familie unsere Arbeit mit Zustimmung kommentiert, die Eltern auf unsere Leistungen anerkennend reagieren oder Kollegen, deren Meinung uns wichtig ist, unsere Ansichten bestätigen und loben. Je klarer wir uns darüber sind, von wem wir uns eigentlich Anerkennung oder Lob wünschen, desto eher können wir dazu beitragen, dass wir das gewünschte Feedback auch wirklich bekommen.

Kann ein Mensch ohne Lob auskommen?

Manchmal bekommen wir zu hören, wir sollten von anderen nicht erwarten, dass sie unsere Arbeit schätzen, sondern wir sollten lieber selbst unsere Arbeit schätzen lernen. Das klingt schon fast so, als solle man sich an den eigenen Haaren aus dem Sumpf ziehen. Man kann sich vor den Spiegel stellen und sich immer wieder vorsagen, dass man ein tüchtiger, qualifizierter und fähiger Mensch ist. Doch kann einem das wirklich helfen, sich selbst mehr Anerkennung zu zollen? Das Selbstwertgefühl eines Menschen ist davon abhängig, dass er sich und seine fachliche Kompetenz schätzt; aber es ist in Gefahr, wenn man spürt, dass andere einen nicht wertschätzen.

> Ich (Ben Furman) hatte gerade meine ärztliche Prüfung abgelegt und arbeitete im Schichtdienst auf der Station eines Gesundheitszentrums. Die Ärzte und das Pflegepersonal hielten einmal wöchentlich eine Stationsbesprechung ab. Gegen Ende einer dieser Sitzungen meldete sich eine Krankenschwester zu Wort und sagte, sie habe das Gefühl, die Ärzte würden die Arbeit des Pflegepersonals nicht wertschätzen. Von den Ärzten nahm zwar niemand Stellung dazu, aber die meisten dachten vermutlich so wie ich damals: »Natürlich schätzen wir die Arbeit des Pflegepersonals. Die Pflegenden wollen diese Anerkennung nur nicht sehen, weil sie wahrscheinlich ihre eigene Arbeit nicht wertschätzen!« Im Rückblick schäme ich mich für diesen Gedanken, weil ich inzwischen erkannt habe, dass es unsere Pflicht und Schuldigkeit als Ärzte gewesen wäre, den Pflegenden unsere Wertschätzung auch aktiv zu zeigen.

Durch welche Art von positiver Rückmeldung fühlt sich jemand geschätzt?

Von Mitarbeitenden hört man sehr oft, dass sie sich im beruflichen Alltag eigentlich mehr positives Feedback wünschen. Doch meist erwähnen sie dabei nicht, welche Art positiver Rückmeldung sie sich vorstellen. Natürlich fühlt es sich per se schon gut an, die Eigenschaften oder Charakterzüge von anderen zu loben. Aber anscheinend ist derlei Lob nicht die Art von positivem Feedback, das wir uns im Berufsleben wünschen. Was wir normalerweise brauchen, ist eine spezifische Art positiver Rückmeldung, die uns das Gefühl gibt, dass unsere Arbeit, unser Input und Engagement wirklich gewürdigt werden.

Man kann anderen auf vielerlei Arten zu verstehen geben, dass man ihre Arbeit schätzt. Man kann es geradeheraus sagen, dass man ihre Leistung anerkennt, aber es gibt aber noch bessere, eher indirekte Möglichkeiten, unsere Wertschätzung zu zeigen. Hier ein paar Beispiele:

- Zeigen Sie Interesse und Neugier für die Arbeit der anderen.
- Bitten Sie die anderen um Rat oder Unterweisung.
- Bitten Sie die anderen um ihre Hilfe bei Vorgängen, die in deren persönliches Fachgebiet fallen.
- Fragen Sie die anderen nach ihrer Meinung, und zeigen Sie Interesse an ihrem Standpunkt.
- Sagen Sie den anderen einfach, wie wertvoll ihre Hilfe ist.

Im Allgemeinen ruft eine positive Rückmeldung, die sich indirekt äußert, eher das Gefühl der Anerkennung hervor als direktes und explizites Lob. Wenn Ihr Chef auf Sie zukäme und aus heiterem Himmel zu Ihnen sagten würde:

> »Wissen Sie, ich schätze Ihre Arbeit wirklich sehr«,

würde Sie das wahrscheinlich verlegen machen, und Sie würden skeptisch nachdenken, was er mit seiner Aussage eigentlich bezwecken wollte. Wenn Sie dagegen von einem Kollegen zufällig erfahren, dass Ihr Chef mit Ihrer Arbeit rundum zufrieden ist, können Sie sich einfach nur freuen. Und, ehrlich gesagt, ist diese Art der positiven Rückmeldung auch deshalb viel netter und angenehmer, weil sie auch noch von anderen zur Kenntnis genommen wird. Daher rührt auch die Einsicht, dass man Kritik lieber unter vier Augen aushandelt, Anerkennung und Ermutigung aber gern vor allen äußern sollte.

Können Sie Lob annehmen?

> MANAGER »Sie sind wirklich ein wahnsinnig gutes Team. Ich bin sehr stolz auf Sie alle!«
>
> EIN MITARBEITER ZUM ANDEREN »Geh in Deckung, er hat wieder an einem dieser Führungsseminare teilgenommen!«

Es wird oft behauptet, dass Europäer es schwierig fänden, Komplimente anzunehmen. Wenn man z. B. zu einer Finnin sagt:

»Sie haben aber ein hübsches Kleid an«,

antwortet sie möglicherweise:

»Ach was, das ist ein ganz olles, altmodisches Kleid, aber ich konnte kein besseres auftreiben!«

Dagegen sagt man den Amerikanern nach, dass sie keine Probleme haben, Komplimente anzunehmen. Wenn man einer Amerikanerin sagt, dass man ihr Kleid hübsch findet, antwortet sie vielleicht:

»Danke! Mir gefällt es auch. Als ich es im Laden sah, habe ich es mir sofort gekauft.«

Doch die Zeiten ändern sich. In der europäischen Kultur hat man früher zwar gerne die Stirn gerunzelt, wenn sich jemand über positives Feedback herzlich gefreut hat, doch heutzutage hört man immer häufiger, dass man sich für die Komplimente anderer bedankt:

»Was für ein hübsches Kleid.«

»Danke für das Kompliment. Die Farbe ist echt nicht schlecht, oder?«

»Sie haben diese Arbeit wirklich gut gemacht!«

»Das freut mich. Ich muss zugeben, ich freue mich selbst sehr darüber, dass ich das so hingekriegt habe.«

Können Sie Komplimente annehmen, oder machen anerkennende Bemerkungen Sie eher verlegen und sprachlos? Haben Sie manchmal den Verdacht, dass ein Kompliment nicht ehrlich gemeint sein könnte? Sind Sie in letzter Zeit besser darin geworden, positive Rückmeldungen annehmen zu können? Gelingt es Ihnen inzwischen besser, ein zaghaftes »Danke« über die Lippen zu bringen, wenn man Ihnen ein Kompliment macht?

Im Allgemeinen gibt es drei Arten, auf eine positive Rückmeldung zu reagieren. Man kann sich erstens einfach weigern, das Lob anzunehmen:

»Sie sind wirklich spitze.«
»Nein, bin ich nicht. Sie sind viel besser als ich.«

Man kann sich zweitens für das Lob bedanken:

»Sie sind wirklich spitze.«

»Danke sehr! Schön zu hören, dass Sie das so sehen.«

Man kann drittens – und das ist besonders empfehlenswert – das Lob annehmen und es mit einer allgemeinen Bemerkung zurückspiegeln:

»Sie sind wirklich spitze.«

»Danke sehr! Das freut mich, dass Sie das sagen. Wissen Sie, es ist nicht schwer, erfolgreich zu sein, wo alle hier so hilfsbereit sind.«

Wenn Sie ein Lob dankbar annehmen und es dann erwidern, fühlen Sie sich nicht nur selbst gut, sondern verschaffen auch den anderen ein gutes Gefühl.

Manche Menschen schreiben das an sie gerichtete Lob sofort anderen zu, ohne dass sie es auf sich selbst beziehen:

»Sie haben das wirklich gut gemacht.«

»Danken Sie nicht mir, sondern denen, die den größten Teil der Arbeit gemacht haben.«

Wenn Sie so bescheiden und zurückhaltend reagieren, verbauen Sie sich die Möglichkeit, das Lob zu erwidern, und bringen den Lobenden sehr schnell in eine unangenehme Lage. Die beste Reaktion auf derlei Anerkennungen ist die, dass man zuerst das Lob annimmt und danach die anderen Beteiligten lobt:

»Sie haben das wirklich gut gemacht.«

»Danke, das ist gut zu wissen. Sehen Sie, ich bin den anderen wirklich dankbar, denn sie haben auch schwer gearbeitet und damit die Sache möglich gemacht.«

Können Sie Komplimente so verpacken, dass andere sie leicht annehmen können?

Sie persönlich können mit positivem Feedback vielleicht gut umgehen, doch es stört Sie womöglich, dass einige Ihrer Kolleginnen und Kollegen sich damit so schwertun. In diesem Fall sollten Sie den Betreffenden, bevor Sie ihn loben, um Erlaubnis bitten, ihm ein Kompliment zu machen. Wenn Sie genau wissen, wofür Sie ihn loben wollen, beginnen Sie mit der Frage:

»Haben Sie etwas dagegen, wenn ich Sie mal ein bisschen lobe?«

Es ist sehr unwahrscheinlich, dass die betreffende Person darauf z. B. erwidert:

»Tut mir leid, ich möchte wirklich keine Komplimente gemacht bekommen.«

Oder:

»Besser nicht, weil ich es sowieso nicht annehmen könnte.«

Der Betreffende wird auf Ihre »Anfrage« eher so etwas sagen wie:

»Warum nicht? – Gern!«

Oder:

»Wenn Sie etwas Nettes zu sagen haben, nur zu!«

Wenn Sie so vorgehen, werden Sie merken, dass es viel einfacher ist, jemanden zu loben.

Können Sie um positives Feedback bitten?

> Vielleicht kennen Sie die Geschichte von dem Mann, der sich jahrelang unter den Augen seines Chefs abrackerte und sich nie über irgendetwas beklagte. Niemals bekam er auch nur einen Cent für die Überstunden, die er jede Woche leistete. Der Mann lebte in der festen Überzeugung: Wenn er auch hier auf Erden keinen adäquaten Lohn für all seine Arbeit und Selbstaufopferung bekomme, werde er schon nach seinem Tod im Himmel für sein Engagement und die Hingabe belohnt werden. Sein ganzes Leben lang lebte er in dem Glauben, dass er seinen Anteil im Jenseits bekommen werde. Als er schließlich starb und in den Himmel kam, war der Superrechner, auf dessen Festplatte sein Buch des Lebens gespeichert war, unglücklicherweise abgestürzt – die Datei mit seinen Lebensdaten war unwiederbringlich verloren. Im Himmel wurde der Mann zwar nicht schlecht behandelt, erhielt aber niemals eine Anerkennung für all die Jahre der Aufopferung auf Erden.

Diese Geschichte zeigt schlicht und ergreifend: Wer auf das Lob und den Dank anderer lauert, kann lange darauf warten. Wenn Sie für Ihre Leistung im Betrieb oder am Arbeitsplatz Dank erwarten, aber nie jemand ein Wort über Ihre Arbeit verliert, können Sie entweder versuchen, sich damit abzufinden; Sie können aber auch etwas unternehmen, um die verdiente Anerkennung zu bekommen. Die Vorstellung, einen anderen direkt um ein Kompliment zu bitten, erscheint manch einem vielleicht peinlich. Wie ist das bei Ihnen persönlich? Können Sie sich vorstellen, dass Sie zu jemandem sagen:

»Das war doch ziemlich gut, oder?«

Oder:

»Sie brauchen sich nicht zu scheuen, mir ein Kompliment zu machen«?

Für die meisten Menschen ist es selbstverständlich, dass sie sich beim Gastgeber für die Einladung oder das schöne Abendessen bedanken. Die Gäste sitzen am Tisch und lassen sich den legendären Rhabarberkuchen der Gastgeberin schmecken. Letztere schaut fragend in die Runde und erkundigt sich:

»Schmeckt's?«

Alle wissen, dass dies eigentlich keine Frage ist, sondern der Wunsch nach einem Kompliment.

»Fantastisch!«

»Einsame Spitze!«

»Dein Rhabarberkuchen ist immer wieder ein Genuss.«

Die Gastgeberin wird mit Lob überhäuft, und ihr fragender Gesichtsausdruck weicht einem zufriedenen Lächeln.

Es ist nichts falsch daran, um Komplimente zu bitten. In einem Unternehmen, für das wir tätig waren, sprachen wir einmal mit einer Gruppe aufgeschlossener Frauen über dieses Thema. Sie erzählten uns, dass sie es sich vor Jahren angewöhnt hätten, einander um positive Rückmeldung zu bitten, wann immer sie das Bedürfnis nach Anerkennung hatten.

PERSON A »Ich möchte wirklich nicht viel Aufhebens machen, was diese Verhandlungen betrifft. Aber ich brauche unbedingt Ihre Meinung dazu, damit ich ein besseres Gefühl bei der Sache habe.«

PERSON B »Wissen Sie, ich selbst habe viele Verhandlungen vermasselt, und es lässt sich einfach nicht an der Tatsache rütteln, dass Sie von allen in dieser Firma am besten verhandeln können.«

PERSON A »Vielen Dank, Sie können sich nicht vorstellen, wie gut es tut, das zu hören. Ich bin Ihnen sehr dankbar!«

Sind Komplimente auch dann wirksam, wenn man erst um sie bitten muss?

Eine Mutter, die nach dem Essen zu ihren Kindern sagt: »Und, wie sagt man?«, bringt ihnen schlicht und einfach bei, dass sie »Danke«

sagen sollen. Wenn die Kinder sich bei ihrer Mutter für das Essen bedanken, glaubt sie dann wirklich, dass sie dankbar für die Mahlzeit sind? Das »Danke« der Kinder kommt vielleicht nicht aus tiefstem Herzen, aber die meisten Mütter legen wahrscheinlich immer noch großen Wert auf die – wenn auch mehr oder weniger abgerungenen – Dankesworte ihrer Kinder.

Wie fühlen Sie sich, wenn Sie Ihren Partner bzw. Ihre Partnerin um Anerkennung bitten? Angenommen, die Reaktion ist – trotz Ihrer Bitte – ein schönes, ausgedehntes Kompliment. Können Sie das Kompliment dann annehmen, oder glauben Sie, dass er bzw. sie dies nur tut, weil Sie darum gebeten haben? Viele Menschen würden sagen, dass Anerkennung einfach guttut – unabhängig davon, ob man darum gebeten hat oder nicht.

Was würde geschehen, wenn am Ende eines Finanzjahres die Teammitglieder ihrem Chef verkündeten, dass er ihnen ein positives Feedback für all die Arbeit geben müsse, die sie im letzten Jahr für die Firma geleistet haben? Wenn ein Chef, der für seinen sparsamen Umgang mit Lob bekannt ist, plötzlich seine Mitarbeiter zu loben beginnt und jedem Angestellten im Beisein der Kollegen sein positives Feedback zuteilwerden lässt: Würden die Kollegen seine Komplimente begrüßen, oder hätten sie eher das Gefühl, die Situation sei gekünstelt?

Wertschätzung ist ein umfassendes Konzept

Wertschätzung ist ein Konzept, das alles umfasst, was mit positiver Rückmeldung zusammenhängt. Doch es beinhaltet noch weitaus mehr. Wenn Sie die anderen Kapitel dieses Buches lesen und die anderen »Zacken« des *Twin Star* kennenlernen, werden Sie feststellen, dass der Aspekt der Wertschätzung in allen hier diskutierten Formen zwischenmenschlicher Beziehung eine Rolle spielt. Wenn wir in Kapitel 3 davon sprechen, dass man die Anerkennung für seine Erfolge mit anderen teilen sollte, dreht sich alles um Wertschätzung, und wenn in Kapitel 6 die Rede davon ist, wie man einem gekränkten Menschen zuhören und sich ihm gegenüber verhalten sollte, geht es auch immer um Wertschätzung. Wertschätzung ist ein Grundelement aller Interaktionen, und darüber hinaus steigert sie das psychische Wohlbefinden der Betreffenden. Wertschätzung heißt grundsätzlich, dass man den anderen wahrnimmt und ihn für seinen Beitrag zu einer positiven Errungenschaft lobt.

> Wenn Georgier Feste feiern, ist es Brauch, dass sie eine Person am Tisch für den Abend als ihren »Tamada« wählen – der fungiert als Zeremonienmeister und bringt in einer bestimmten Reihenfolge Dankesworte für den Frieden, für verstorbene Verwandte, für Nachbarn usw. aus. Seine Hauptaufgabe besteht darin, alle Anwesenden reihum für ihre positiven Eigenschaften zu loben. Er darf nichts Negatives oder Unwahres sagen. Wenn es eine kleine Tischgesellschaft ist, haben alle Beteiligten die Gelegenheit, auf jeden Einzelnen zu trinken und eigene Lobesworte zu sagen.
> In einer großen Tischgesellschaft dürfen nur der Tamada und bestimmte Anwesende reden. Bei dem Zusammensein loben die Anwesenden natürlich nur diejenigen, die auf irgendeine Weise in die Feierlichkeiten involviert sind. Diesen festlichen Brauch nennen die Georgier *Akademia*.

Fragen für die Diskussion über Wertschätzung

- Welche Art der Wertschätzung ruft bei Ihnen ein besonders gutes Gefühl hervor?
- Wie können Sie um positive Rückmeldung bitten, wenn es Ihnen daran mangelt?
- Wie kann jeder auf seine Weise dazu beitragen, dass die Kolleginnen und Kollegen das Gefühl haben, ihre Arbeit wird geschätzt?
- Woran erkennen Sie, dass Ihr Beitrag gewürdigt wird, wenn man es Ihnen nicht explizit mitteilt?
- Was hat es zu bedeuten, wenn jemand sagt: »Ich will mich ja nicht selbst loben. Aber wenn es kein anderer macht …«?
- Warum macht uns ein Kompliment manchmal verlegen?
- Wie viele Komplimente braucht es, damit man nach Kritik oder Tadel wieder den Mut zu neuen Aktivitäten findet?

2 SPASS

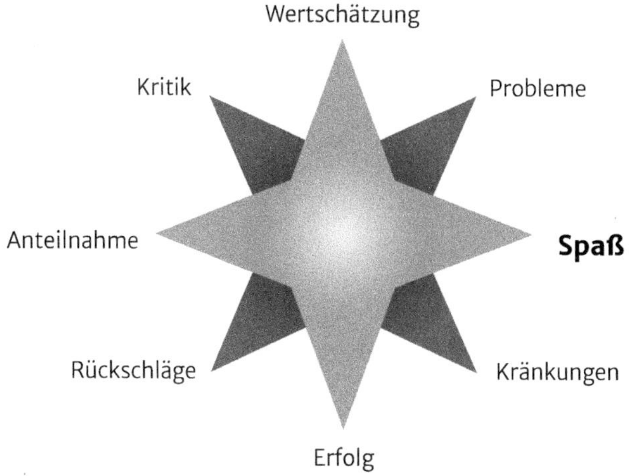

Positive Wirkungen des Humors

Viele Wissenschaftler bestätigen immer wieder, dass alle Formen von Humor, Lachen, Lächeln, Spaß und Spielen generell eine positive Wirkung auf das Wohlbefinden haben. Man sagt, Lachen erhöhe die Lebenserwartung, helfe den Menschen, mit dem Auf und Ab des

Lebens fertigzuwerden, helfe ihnen, Probleme besser zu lösen, und fördere die psychische wie physische Gesundheit.

Humor fördert die körperliche Gesundheit

Es ist erwiesen, dass Lachen und Spaßhaben sich in vielfältiger Weise wohltuend auf die Gesundheit auswirken. Heutzutage setzt man in vielen Krankenhäusern auch den Humor als Heilmittel ein. Diverse Studien haben gezeigt, dass Lachen eine positive Wirkung auf das Immunsystem hat und folglich einen gewissen Schutz gegen Infektionskrankheiten darstellt.

Humor wirkt gegen Stress und Erschöpfung

Auf der ganzen Welt setzt man den Humor inzwischen als Medizin gegen Stress ein. Menschen besuchen Seminare, in denen sie lernen, wie man Witze erzählt oder Zeitungskarikaturen präsentiert. Auch die Lachtherapie, bei der Leute in Gruppen zusammenkommen und sich dumm und dämlich lachen, erfreut sich heutzutage großer Beliebtheit.

Humor verbessert unsere Problemlösungsfähigkeiten

In einer wissenschaftlichen Studie teilte man eine größere Zahl von Probanden in zwei Gruppen ein. Beide Gruppen sollten ein herausforderndes intellektuelles Problem lösen. Zur Vorbereitung zeigte man der ersten Gruppe einen Videofilm über effiziente Problemlösung. Der zweiten Gruppe zeigte man dagegen einen Videofilm mit witzigen Sketchen aus einer Comedy-Show. Es kamen immer wieder dieselben Ergebnisse heraus: Die Gruppe, die miteinander gelacht hatte, löste das Problem schneller als die Gruppe, die über Problemlösung belehrt worden war. Leider nehmen wir oft eine allzu ernste Geisteshaltung ein, wenn wir ernsthafte Probleme lösen sollen. Die Folge ist, dass unsere Problemlösekapazitäten dann, wenn wir sie am dringendsten brauchen, nicht optimal greifen. Deshalb müssen wir lernen, die alltäglichen Schwierigkeiten mit mehr Spaß und Humor anzupacken.

Humor fördert Kreativität und Einfallsreichtum

In Betrieben und Organisationen will man häufig wissen, wie sich Kreativität, Innovation und Einfallsreichtum am Arbeitsplatz steigern lassen. Expertenkommissionen, Vertreter des Mindmappings, Anhänger alternativer Denkweisen sowie Kreativitätsforscher – um nur einige Akteure in diesem Bereich zu nennen – liefern eine Fülle einschlägiger Methoden. Doch am besten und preiswertesten lässt sich die kreative Fähigkeit durch Humor steigern. Wenn man scherzt und Spaß hat, befindet sich das Gehirn automatisch in einem »kreativen Modus«. Probieren Sie es aus: Wenn Sie das nächste Mal mit einer Gruppe arbeiten, die ein kreatives Produkt entwickeln soll, beginnen Sie die Sitzung mit einem amüsanten Spiel. Wenn Ihnen selbst nichts Lustiges einfällt, bitten Sie die Teilnehmer, die besten Witze zu erzählen, die sie auf Lager haben. Beobachten Sie, wie sich eine humorvolle und spielerische Einlage zu Beginn der Sitzung auf die Atmosphäre der Gruppe auswirkt. Humor fördert die Kreativität, weil er Menschen in die Lage versetzt, die Dinge in einem anderen Licht und aus einem neuen Blickwinkel zu sehen.

Humor steigert die Zufriedenheit am Arbeitsplatz

> Eine junge Näherin in einer Kleiderfabrik erzählte uns einmal, dass sie so viel Spaß bei der Arbeit habe und sie nicht aufgeben wolle, obwohl sie von ihrer Mutter zur beruflichen Weiterbildung gedrängt werde. Als ich sie fragte, weshalb ihr diese Art von Fabrikarbeit so gut gefalle, antwortete sie: »Wir sind hier ein tolles Team und haben so viel Spaß miteinander!«

Selbst eine langweilige Arbeit kann befriedigend sein, wenn die Belegschaft humorvoll miteinander umgeht und Spaß hat.

Humor kann man nicht erzwingen

> Der Geschäftsführer einer großen Firma nahm an einem Führungstraining teil, bei dem einer der Vortragenden es schaffte, ihn davon zu überzeugen, dass Humor ein Schlüsselfaktor für Erfolg in dem Feld sei, in dem sein Unternehmen tätig war.
>
> Als er in seinen Betrieb zurückkehrte, berief er eine Sitzung mit allen Mitarbeitern ein und erzählte, was er über die Bedeutung des Humors gelernt hatte. Bedauerlicherweise beendete er seine Rede mit den Worten: »... also, wenn ich in diesem Laden nicht bald mehr Humor sehe, gibt's weitere Entlassungen!«

Humor fördert die Interaktion

Teamarbeit und eine enge Kooperation zwischen den Mitarbeitenden sind für ein Unternehmen nicht nur etwas Wünschenswertes – sie sind ein absolutes Muss. Und nichts hält ein Team besser zusammen als der gemeinsame Sinn für Spaß und Humor. Mit Humor läuft vieles wie geschmiert – z. B. Besprechungen, Unterhaltungen oder Diskussionen. Man geht lieber da einkaufen, wo der Kassierer hin und wieder einen Witz reißt. Es macht mehr Spaß, mit humorvollen Kolleginnen und Kollegen zu arbeiten. Und Trainer oder Ausbilder, die ihren Unterricht humorvoll gestalten, kommen mit den Kursteilnehmern immer besser zurecht.

Humor verbindet die Menschen

Außerdem führt der Humor die Menschen zusammen. Wenn eine Gruppe längere Zeit miteinander arbeitet, entwickeln ihre Mitglieder eine gemeinsame kodierte Sprache. Dann braucht einer nur ein bestimmtes Wort oder eine besondere Wendung zu benutzen, um die anderen zum Lachen zu bringen – dies hätte bei jemandem, der nicht zur Gruppe gehört, seine Wirkung verfehlt.

> Vielleicht kennen Sie die Geschichte von dem Gefangenen, der noch nicht lange im Gefängnis ist und sich darüber wundert, weshalb die schon länger Einsitzenden sich gegenseitig Zahlen zurufen und dann in Gelächter ausbrechen. Nach einer Weile kapiert er, dass

jede Zahl für einen Witz steht, den die anderen Gefangenen schon kennen. Schließlich probiert der Neuling dieses raffinierte System selbst aus. Er wartet einen günstigen Augenblick ab und brüllt lauthals »Sechs!« – gefolgt von Totenstille. »Was war daran falsch?«, fragt er verstört seine Mitgefangenen. »Ist die Nummer sechs wirklich ein so schlechter Witz?« – »Nein, der Witz an sich ist schon ganz gut«, erwidert ein anderer Insasse, »es ist nur die Art und Weise, wie du ihn erzählt hast.«

Die Kehrseite des Humors

Häufig sind Spaß und Humor jedoch auch fragwürdiger Natur – z. B., wenn jemand auf Kosten anderer seine Scherze macht, andere hänselt, verspottet oder einen vernichtenden Sarkasmus an den Tag legt. Fragwürdiger Humor lässt sich leicht daran erkennen, dass man *über* andere lacht und nicht *mit* ihnen. Die Betroffenen sind dabei Zielscheibe des Spotts und werden gedemütigt. Solcher Humor ist ein heikles Thema; denn zweideutiger Humor kann zunächst lustig wirken, dann aber umkippen und zutiefst verletzend sein.

Vor ein paar Jahren führten die Mitglieder einer Gruppe, die Tapani Ahola und ich gecoacht hatten, zum Ende ihres Kurses einen Sketch auf. Darin ahmten sie uns Lehrer nach. Mir kamen die Tränen vor Lachen, als die Kursteilnehmer meine Gesten, Manieriertheiten und Ausdrücke imitierten. Ich fand die Parodie außerordentlich lustig, weil ich spürte, dass die Gruppe einfach Spaß an der Aufführung hatte. Und ich wusste, dass die Kursteilnehmer mich damit nicht demütigen, sondern mir zeigen wollten, wie sie die komische Seite an mir wahrnahmen. Ich hätte es hingegen überhaupt nicht lustig gefunden, wenn mir z. B. zugetragen worden wäre, dass die Teilnehmer mich für einen schlechten Lehrer gehalten und sie dann meine Gesten, Manieriertheiten und Ausdrücke imitiert hätten.

Im Arbeitsalltag macht man manchmal spontan und spielerische respektlose oder gar sarkastische Bemerkungen über Kollegen oder Kolleginnen wie z. B.: »Oh, da kommt Robert angerollt. Es muss Essenszeit sein!«

In manchen Arbeitsmilieus empfindet man derlei respektlose Kommentare als harmlos und lustig. Jeder weiß, dass sie als Spaß gemeint sind, und niemand nimmt sie allzu ernst. Man nimmt sich gegenseitig ein bisschen auf den Arm, und alle wissen, dass es nur ein Spaß ist und sie es sich nicht zu Herzen nehmen sollen – und außerdem kann man es mit gleicher Münze heimzahlen.

Doch diese Art von respektlosem Humor ist nicht jedermanns Sache. Deshalb sollte man solche Respektlosigkeiten nur nach reiflicher Überlegung anbringen und nur auf die Menschen münzen, mit denen man sich unausgesprochenerweise einig ist, dass alles erlaubt ist, weil nichts ernst genommen wird.

Zweideutiger Humor kann einen aufs Glatteis führen, wenn er zu weit geht oder wenn er erzwungen wirkt. Es ist alles andere als angenehm, wenn man mit jemandem ein ernsthaftes Gespräch führen möchte und er mit albernen Blödeleien und Witzen über das Thema reagiert, worüber man mit ihm reden will. Diese Art des Scherzens kann zwar einerseits das »Salz in der Suppe sein«, andererseits aber auch »Salz in die Wunde streuen«.

Manche Menschen machen einen weiten Bogen um jegliche Art von Humor, weil sie Angst davor haben, dem anderen zu nahe zu treten oder ihn zu verletzen. Diese Vorsicht mag gerechtfertigt sein; sie ist aber noch kein Grund, ganz auf Humor zu verzichten. Stattdessen sollte man sich lieber gegebenenfalls beim anderen entschuldigen, wenn er sich durch scherzhafte Worte oder Taten gekränkt fühlt (mehr dazu finden Sie in Kap. 6).

Wie können wir für mehr Spaß sorgen?

Wir können anderen Menschen zwar keinen Humor aufzwingen, aber wir können seine wohltuende Wirkung würdigen und ihn auf alle erdenklichen Arten fördern. Wir können all denen danken, die mit ihrem Humor unseren Alltag versüßen. Menschen mit echtem Sinn für Humor sind ein Segen, weil sie im Betrieb für eine gute Arbeitsmoral sorgen und sie hochhalten. Da allgemein bekannt ist, wie Humor die Gesundheit fördert, sollte sich jeder überlegen, welchen persönlichen Beitrag er zum wohlwollenden Scherzen leisten kann.

Fragen für die Diskussion über Spaß

- Warum sind Humor und Spaß am Arbeitsplatz so wichtig?
- Welche positiven Wirkungen haben Humor und Spaß?
- Warum sollten Menschen, die tüchtig arbeiten, auch kräftig scherzen?
- Wo liegt für Sie die Grenze zwischen harmlosen und verletzenden Witzen?
- Über die Missgeschicke anderer Witze zu machen beweist einen schlechten Geschmack und ist inakzeptabel. Können Sie sich noch andere Arten von verletzendem oder bösartigem Humor vorstellen?
- Was sagt uns die Äußerung »Wenn man etwas lernt und keinen Spaß dabei hat, ärgert man sich auch nicht so sehr darüber, wenn man das Gelernte wieder vergisst«?

3 ERFOLG

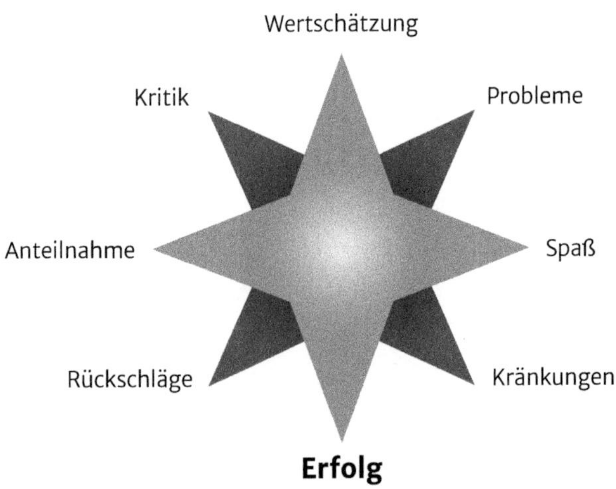

Wenn man in Betrieben oder Organisationen die Mitarbeiter fragt, was ihnen Zufriedenheit am Arbeitsplatz verschafft, antworten sie meist, dass sie zufrieden sind, wenn ihnen die Arbeit gelungen ist. Die Freude, die man über den Erfolg seiner Leistung empfindet, ist der entscheidende Grund dafür, dass man mit seiner Arbeit zufrieden ist. Dies bedeutet andererseits auch: Wenn jemand mit seinem

Arbeitsplatz unzufrieden ist, kann dies damit zusammenhängen, dass er keine Freude über den Erfolg seiner Arbeit spürt.

Was genau beglückt uns daran, wenn uns etwas gelingt?

Die Frage, worin das Gefühl der Befriedigung durch Erfolg besteht und weshalb man es empfindet, ist durchaus gerechtfertigt. Die Antwort liegt auf der Hand: Wenn uns etwas gelingt, sind wir einfach glücklich und zufrieden. Doch die Befriedigung, die wir aus dem Erfolg ziehen, ist gar nicht so trivial. Tagtäglich gelingen uns alle möglichen Dinge, ohne dass wir uns großartig darüber »freuen«. Wahrscheinlich ist uns nicht einmal bewusst, in welch großem Ausmaß wir Erfolge anhäufen. Wie viele Erfolge hatten Sie Ihrer Ansicht nach in der letzten Stunde zu verzeichnen? Auf den ersten Blick sind es vielleicht gar nicht so viele, doch wenn Sie einmal intensiver darüber nachdenken, stellen Sie vielleicht fest, dass es in einer Stunde mehrere kleine Erfolge waren. Und selbst wenn Sie sich Ihre Erfolge »eingestehen«, sind Sie noch längst nicht unbedingt hocherfreut darüber. Um aber die Freude über seinen Erfolg zu spüren, muss man ihn anerkennen, und dazu muss man das Gefühl haben, dass der eigene Erfolg der Anerkennung wert ist. Dieses Gefühl stellt sich ein, wenn man merkt, dass die eigene Arbeit für einen selbst und auch für die anderen wertvoll ist.

> Vielleicht kennen Sie die Geschichte von dem Mann, der einst durch das mittelalterliche Italien reiste und dabei auf der Straße ein paar Männern begegnete, die Steine bearbeiteten. Einer der Männer sah deprimiert aus und schien seiner Arbeit überdrüssig zu sein. Der Reisende fragte ihn: »Was machst du da?« – »Ich muss diese Steine zu quadratischen Blöcken hauen«, antwortete der Mann resigniert.
>
> Dann sah der Reisende in der Nähe einen anderen Mann, der genau das Gleiche tat. Doch dieser Mann schien zufrieden zu sein und seine Arbeit sogar begeistert zu verrichten. Der Reisende ging zu ihm und stellte ihm die gleiche Frage: »Was machst du da?« – »Ich helfe mit, eine neue Kathedrale für die Stadt zu bauen«, rief der Mann voller Enthusiasmus.

Um sich über seinen Erfolg freuen zu können, braucht man ein Art Beweis dafür, dass die geleistete Arbeit für einen selbst bzw. für andere wertvoll und nützlich ist. Außerdem muss man die Möglichkeit haben, seine Freude über den eigenen Erfolg mit anderen zu teilen.

> In einer anderen Geschichte geht es um einen Rabbi, der am Morgen des Sabbats seiner Frau verkündete, dass er zum Golfspielen und nicht in die Synagoge gehe.
>
> Seine Frau protestierte: »Nein, das wirst du nicht! Wenn jemand herausfindet, dass du, ein Rabbi, dich auf dem Golfplatz herumtreibst, statt den heiligen Sabbat zu ehren, fliegst du raus.«
>
> Der Rabbi war jedoch nicht umzustimmen. »Das geht niemanden etwas an«, sagte er. »Die anderen Golfspieler sind viel, viel besser als ich, sodass ich niemals mit ihnen mithalten kann, wenn ich nicht trainieren gehe. Ich werde auf einem Platz spielen, wo niemand aus unserer Gemeinde jemals hingeht.« Damit verschwand er. Als er später zurückkehrte, sah er aus wie jemand, der gerade seine Großmutter verkauft hatte.
>
> »Was ist passiert?«, fragte seine Frau. »Hattest du unterwegs einen Unfall, oder was ist los?«
>
> »Nein, aber der Herr hat mich gestraft, wie du es vorhergesagt hast«, antwortete er.
>
> »Wie das?«, fragte sie verdutzt.
>
> »Es passierte beim sechsten Abschlag. Ich schlug den Ball, und er flog im großen Bogen auf das Grün, rollte dann weiter und landete schließlich direkt im Loch.«
>
> »Was? Du hast das Loch auf Anhieb getroffen? Dann musst du dich doch wie im siebten Himmel fühlen!«
>
> »Würde ich normalerweise auch. Aber was ist so ein Ass schon wert, wenn man es niemandem erzählen kann?«, sagte der Rabbi und sah aus wie ein Häufchen Elend.

Manchen Menschen genügt es, ihren Erfolg allein zu genießen. Doch die meisten empfinden die Freude über ihren Erfolg nur dann, wenn sie andere daran teilhaben lassen können. Man sagt, dass geteilte Freude doppelte Freude sei. Also könnte man umgekehrt auch sagen, dass ungeteilte Freude nur halbe Freude sei. Wenn wir andere an unseren Erfolgen teilhaben lassen, spüren wir, dass es auch wirklich Erfolge sind. Denken Sie nur an die kollektive Freude und das gemeinsame Feiern z. B. in Fußballstadien oder Eishockeyhallen, wenn eine Mannschaft ein Tor schießt. Auch im Betrieb kann z. B. ein Mitarbeiterteam so etwas wie kollektive Freude erleben, wenn irgendeine gemeinsame Errungenschaft gefeiert wird.

Es gibt in den meisten Sprachen Redewendungen dafür, dass man bescheiden sein sollte, seine Erfolge herunterspielen und seine Siege für sich behalten sollte. Dahinter steht eigentlich die Vorstellung, dass es als Angeberei gilt und bei anderen Neid hervorrufen kann, wenn man sich mit seinen Erfolgen brüstet. Auch die Bezeichnung »Prahlhans« oder »Großkotz« besagt, dass man rasch als narzisstischer Aufschneider angesehen wird, wenn man seine Erfolge nach außen trägt und vor anderen damit prahlt.

Die positive Psychologie legt nahe, dass Flourishing[2] ein wichtiger Bestandteil von Glück ist. Dem würden wir gerne hinzufügen: Der beste Weg zu einem gelingenden Leben ist es, die Anerkennung mit anderen zu teilen – also dafür zu sorgen, dass man anderen dafür dankt, was sie zum Erfolg beigetragen haben.

> In einem Unternehmen wollte man nach der Zusammenlegung von zwei Abteilungen die Arbeitsatmosphäre verbessern. Kurz zuvor war die Oscar-Verleihung im Fernsehen übertragen worden, und einige Mitglieder des Organisationskomitees hatten die Idee, etwas Ähnliches für die Belegschaft zu organisieren. Sie planten ein festliches Event, bei dem die Männer im feinen schwarzen Anzug und die Frauen in Abendgarderobe erscheinen mussten. Sie hängten Fotos von Hollywood-Stars an die Wände, und für den Galaabend wurde ein professioneller Conférencier engagiert. Reihum bekamen alle Mitarbeiter eine »Oscar-Figur« für eine besondere Kompetenz oder bestimmte Verdienste überreicht. Jeder bekam den »Oscar« aber nur unter der Bedingung, dass er bei der »Preisverleihung« eine kleine Rede hielt, in der er den Kolleginnen und Kollegen für ihren Beitrag zu seinem Erfolg dankte – ähnlich, wie es die Oscar-Gewinner bei der Galaveranstaltung auch machen.

2 Der Begriff stammt von Barbara Fredrickson und bezeichnet einen Lebensstil, der sich u. a. durch gelungene Lebensführung, Resilienz und persönliches Wachstum auszeichnet.

Wie können wir anderen unsere Anerkennung zeigen, wenn sie von ihren Erfolgen berichten?

Eigene Erfolge mit anderen Menschen zu teilen verlangt Diplomatie. Wenn Sie einem Kollegen erzählen, dass Sie etwas geschafft haben, was ihm immer misslungen ist, wird es ihm schwerfallen, sich mit Ihnen zu freuen. Wenn ein Lehrer ins Lehrerzimmer reinschneit und allen berichtet, dass er mit der schwierigsten Klasse der ganzen Schule eine wunderbare Unterrichtsstunde hatte, wird das bei den anderen Lehrern wohl kaum auf große Begeisterung stoßen, weil sie das Gefühl haben, er wolle ihnen eigentlich nur mitteilen: »Ich sehe kein Problem bei den Schülern, also muss es an euch und eurem Umgang mit den Kindern liegen.« Es würde einen nicht wundern, wenn die anderen Lehrer sich von ihm abwendeten und sagten, »Das wird nicht lange anhalten. Abwarten!« oder »Sie haben es auch leicht, denn Sie unterrichten ja ein interessantes Fach!«.

Die Erfahrung lehrt, dass man sich mit einem anderen leichter über dessen Erfolg mitfreuen kann, wenn er einem das Gefühl gibt, dass man irgendwie dazu beigetragen hat. Wenn Sie ins Lehrerzimmer gehen und unbekümmert verkünden:

> »Heute ist wirklich mein Tag. Es freut einen richtig, wenn auch mal etwas klappt!«,

teilt Ihr Kollege wahrscheinlich nicht die Freude und erwidert womöglich:

> »Nun, für Sie mag das ja alles gut und schön sein, denn Ihre Aufgabe ist ja nicht weiter schwierig!« Usw.

Wenn Sie die anderen aber an Ihrer Freude teilhaben lassen, indem Sie ihnen einen Teil Ihres Erfolgs zuschreiben, wird es denen leichter fallen, sich mitzufreuen. Wenn Sie z. B. sagen:

> »Heute ist wirklich mein Tag. Es freut einen richtig, wenn auch mal etwas klappt! Und das war vor allem deshalb möglich, weil Sie mir so gute Ratschläge gegeben haben.«

Dann könnte die Antwort des Kollegen lauten:

> »Schön zu hören, dass es geklappt hat und dass die Ideen, über die wir gesprochen haben, hilfreich waren.«

Wenn Sie von Ihrem Erfolg erzählen und dem anderen dabei das Gefühl geben, dass er oder sie auch einen Beitrag zu Ihrem Erfolg geleistet hat, ist das eine Einladung an das Gegenüber, sich mit Ihnen zu freuen. Das heißt, Sie sagen nicht, dass *Sie* auf diesem oder jenem Gebiet erfolgreich waren, sondern dass Ihnen gemeinsam etwas gelungen ist. Wenn Sie folgende Verhaltensregeln beachten, können Sie erreichen, dass andere sich mit Ihnen über Ihren Erfolg freuen.

Beziehen Sie die anderen von Anfang an mit ein!

Lassen Sie die anderen an Ihren Ideen und Plänen teilhaben, und geben Sie ihnen die Gelegenheit, eine beratende, unterstützende oder motivierende Rolle in Ihrem Vorhaben zu spielen.

Würdigen Sie die Fortschritte!

Achten Sie auch auf die kleinsten Anzeichen von Fortschritt. Dies ist nämlich eine Grundvoraussetzung, wenn man über seinen Erfolg reden und andere daran teilhaben lassen will.

Sprechen Sie mit den anderen über Fortschritte!

Informieren Sie die anderen über Fortschritte und Erfolge. Wenn Sie die Erfolgsnachrichten verbreiten, laden Sie die anderen ein, sich gemeinsam über die Erfolge zu freuen.

Lassen Sie die anderen an der Anerkennung für Erfolge teilhaben!

Suchen Sie irgendeine Möglichkeit, wie Sie allen danken können, die zu Ihrem Fortschritt oder Erfolg beigetragen haben. Sie können ihnen explizit oder »zwischen den Zeilen« danken, wenn Sie überzeugt sind, dass die Fortschritte ohne den Ratschlag, die Hilfe und Ermutigung der anderen nicht möglich gewesen wären.

Erkennen Sie die Vorteile!

Die meisten Menschen freuen sich, wenn sie merken, dass man ihren Beitrag zum Erfolg zu schätzen weiß und ihnen Anerkennung dafür zollt. Wenn die anderen sich über ihre eigene Leistung freuen können und dürfen, fällt es ihnen viel leichter, sich mit Ihnen über Ihren Erfolg zu freuen – womit das Erreichte zu einer gemeinsamen Erfahrung wird.

Fragen für die Diskussion über Erfolg

- Warum sollte man von Anfang an daran glauben, dass das Vorhaben gelingt?
- Warum lohnt es sich, auch kleine Erfolge für wichtig zu erachten?
- Wie feiern Sie Ihre Erfolge?
- Warum gelingt es uns manchmal nicht, dass die anderen sich mit uns über die Erfolge freuen können?
- Warum klingt »Wir haben das fertiggebracht« viel besser als »Ich habe das fertiggebracht«?
- Warum sollte man Erfolge analysieren – und weshalb tun wir das so selten?
- Warum sollten wir mindestens genauso viel Zeit darauf verwenden, Erfolge zu erörtern, wie wir damit verbringen, über Rückschläge zu diskutieren?
- Warum riecht es leicht nach Angeberei, wenn man den anderen von seinen Erfolgen erzählt?

4 ANTEILNAHME

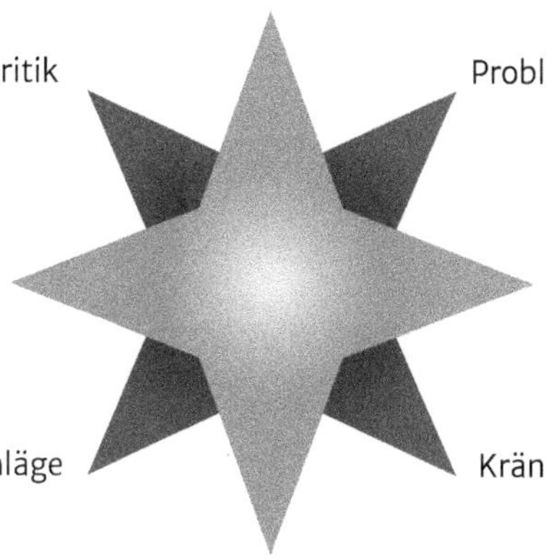

Ein gesundes Arbeitsklima im Betrieb kommt in erster Linie dadurch zustande, dass die Kollegen Interesse füreinander zeigen und sich gegenseitig wahrnehmen. Wir wissen zwar alle aus eigener Erfahrung, was Anteilnahme bedeutet, trotzdem lässt sich das Konzept begrifflich schwer fassen und erklären – es ist so, als wollte man einem Außerirdischen vermitteln, was »Bruderliebe« oder »Freundschaft« bedeutet.

Einer der Hauptgründe, weshalb sich Anteilnahme nur schwer definieren lässt, liegt darin, dass es so viele verschiedene Aspekte gibt. Das gesamte *Twin Star*-Konzept, wie wir es in diesem Buch darstellen, dreht sich eigentlich um Anteilnahme. Doch Anteilnahme ist weitaus mehr als ein Gefühl: Sie stellt eine Geisteshaltung und Mentalität dar, die großen Wert auf das psychische Wohlbefinden von Kolleginnen und Kollegen legt. Deshalb sollte man sich sehr darum bemühen, die Anteilnahme untereinander aktiv zu fördern, auch wenn es anstrengend ist. Anteilnahme impliziert, dass wir einander beachten, für die Arbeit der anderen Interesse zeigen, den anderen zuhören, sie trösten, ermutigen, unterstützen und ihnen Kenntnisse vermitteln sowie Trauer und Sorgen miteinander teilen. Manchmal heißt Anteilnahme auch, schmerzliche Wahrheiten dort auszusprechen, wo andere sie meiden wie die Pest.

Anteilnahme ist ein umfassendes Konzept mit unendlich vielen Facetten. Für unsere Zwecke hier reicht die Erklärung, dass Anteilnahme im betrieblichen Kontext grundsätzlich mit Verhaltensweisen gekoppelt ist wie z. B.: dass Kollegen sich grüßen, dass sie Interesse aneinander zeigen und sich im Arbeitsalltag jederzeit helfen und unterstützen.

Grüßen Sie die anderen

Wenn man in Unternehmen oder Organisationen die Mitarbeitenden fragt, was ein gesundes Betriebsklima ausmacht, erwähnen sie typischerweise das Grüßen. In der Hektik vergisst man zwar leicht, andere zu grüßen und sich nach ihrem Wohlbefinden zu erkundigen, aber diese Dinge sind sehr wichtig. Wer von anderen nie gegrüßt wird, fühlt sich übergangen und möglicherweise gekränkt. Wer gegrüßt wird, fühlt sich »wahrgenommen« und anerkannt.

Da das Betriebsklima und die Zufriedenheit am Arbeitsplatz inzwischen weitaus mehr Beachtung finden als früher, ist das Grüßen in vielen Unternehmen ein Thema, und manchmal führen die Kollegen einer bestimmten Abteilung die Regel ein, sich grundsätzlich gegenseitig zu grüßen. Solche Regeln sind lobenswert, aber leider werden sie nicht immer dauerhaft eingehalten. Deshalb müssen die

Mitarbeiter, die das Grüßen vereinbart haben, auch »Sanktionen« dafür festlegen, wenn sich Kollegen nicht an die Abmachung halten.

> In einem Betrieb vergaß der Chef grundsätzlich, seine Sekretärin zu grüßen. Sie wies ihn darauf hin, und er gelobte Besserung. Aber schon ein paar Wochen später war er in sein altes Verhaltensmuster zurückgefallen.
>
> Die Sekretärin überlegte, was sie tun sollte, und sprach ihren Chef erneut auf das Thema an. Die beiden trafen ein Übereinkommen, wonach die Sekretärin ihren Chef jedes Mal, wenn er vergaß, sie zu grüßen, leicht an der Krawatte ziehen sollte. Dazu hatte sie schon bald reichlich Gelegenheit. Wann immer er den Gruß zu vergessen drohte, näherte sich ihre Hand seiner Krawatte – und so lernte er seine Lektion. Dank dieses Arrangements hatte der Chef sich das Grüßen angewöhnt, das ihm bald zu einer selbstverständlichen Angewohnheit wurde.

Wir sollten die Bedeutung des Grüßens nicht unterschätzen, denn es ist eine symbolische Handlung, eine Geste, die signalisiert, dass wir am Wohlergehen des anderen interessiert sind und dass wir – zumindest prinzipiell – den anderen unterstützen und ihm helfen, wenn er es braucht.

Zeigen Sie Interesse

So schmeichelhaft es ist, wenn jemand Interesse an mir zeigt, so kränkend ist es, wenn sich eine Person mir gegenüber indifferent verhält. Interesse deutet auf positive Gefühle hin, Indifferenz dagegen auf einen Mangel an Gefühlen. Interesse impliziert Neugier – und Interesse zeigen heißt z. B. Blickkontakt suchen, sich nach den anderen erkundigen, mehr über sie wissen wollen und Fragen stellen. Im Allgemeinen ist es angenehm, wenn jemand neugierig ist und mehr über uns wissen will als das, was für alle ohnehin sichtbar ist. Wir meinen damit natürlich eine Neugier, die nicht aufdringlich ist und die den Eindruck von Anteilnahme vermittelt.

Vergewissern Sie sich, wie es Ihren Kollegen geht

»Hallo! Wie geht's?« gehört zu den Bemerkungen, die entweder einfach nur eine Begrüßung sein können oder aber den Wunsch ausdrücken, wirklich etwas über das Wohlbefinden der anderen zu erfahren. Im Deutschen (wie im Englischen) ist diese Bemerkung so sehr zur Formel verkümmert, dass wir, wenn uns jemand fragt »Wie geht's?«, automatisch antworten »Danke, und selbst?« – unabhängig davon, wie es uns tatsächlich geht. Erst durch weitere Fragen signalisieren die Fragenden, ob sie wirklich wissen wollen, wie es der betreffenden Person geht und was sie gerade so macht, z. B. »Wie laufen die Geschäfte so?«, »Wie geht es Ihrem Rücken?«, »Haben Sie es noch bis zum Ferienhaus geschafft?« oder »Wie war der Urlaub?«.

Ein guter Chef vergewissert sich immer, wie es seinen Mitarbeitenden geht. Genauso erkundigen sich die Kollegen, die gut miteinander auskommen, regelmäßig nach dem Wohlbefinden der anderen und sind ernsthaft aneinander interessiert.

Informieren Sie sich über die Tätigkeit Ihrer Kollegen

In manchen Unternehmen gibt es eine so große Vielfalt der Tätigkeitsfelder, dass die Mitarbeiter nicht wissen, wie die Arbeit ihrer Kolleginnen und Kollegen oder der anderen Berufsgruppen aussieht. Wenn man von der Arbeit der anderen keine Vorstellung hat, kann man sich kaum gegenseitig helfen oder gar gemeinsam an einem Projekt arbeiten. Jobrotation und das aufrichtige Bemühen, sich über die Arbeit der anderen detailliert zu informieren, und – was noch wichtiger ist – die Bekundung eines natürlichen Interesses an der Arbeit der anderen schaffen ein solides Fundament für alle Arten der betrieblichen Zusammenarbeit.

> Im Lehrerzimmer eines Gymnasiums herrschte eine schlechte Atmosphäre. Die einzigen Lehrer, die zufrieden schienen, waren diejenigen, die regelmäßig miteinander nach draußen gingen, um zu rauchen, und sich dort Witze erzählten und Spaß hatten. Unter

den übrigen Lehrern, den Nichtrauchern, galt die unausgesprochene Regel, nicht darüber zu klagen, wie anstrengend die Arbeit ist. Die Folge war, dass im Lehrerzimmer eine ziemlich triste Stimmung herrschte und die Lehrer reihum zum Schulleiter gingen, um ihm ihr Leid zu klagen.

Als dieser seiner Frau von den Zuständen im Lehrerzimmer erzählte, schlug sie vor, er solle in der Schule das gleiche System einführen wie zu Hause. Dort hatte die Familie einen Lehnstuhl, den sie den »Sessel des Mitgefühls« nannte und in den sich ein Familienmitglied setzen konnte, wenn es erschöpft war und ein bisschen Mitgefühl brauchte. Wann immer sich einer in diesen Sessel setzte, mussten die anderen zu ihm gehen und ihn trösten.

Der Schulleiter fand es einen Versuch wert. Auf dem Dachboden der Schule fand er einen alten Armlehnstuhl, den er ins Lehrerzimmer brachte. Er bedeckte ihn mit einem weichen Überwurf und erklärte den Lehrern, dass dieser Stuhl nun der »Sessel des Mitgefühls« sei. Wann immer jemand sich hineinsetze, sei es die Aufgabe der anderen, ihm Mitgefühl entgegenzubringen und sich z. B. nach seinem Wohlbefinden zu erkundigen, ihm eine Tasse Tee oder Kaffee anzubieten, ihm den Nacken zu massieren oder auf eine andere Weise nett zu ihm zu sein. Die Lehrer griffen diese Idee begeistert auf, und innerhalb kürzester Zeit war der Sessel so beliebt geworden, dass manchmal drei Personen gleichzeitig darauf Platz nahmen.

Zeigen Sie Interesse an den Dingen, die Ihren Kollegen besonders viel bedeuten

Man ist angenehm berührt, wenn andere Menschen ein ureigenes Interesse an den Dingen zeigen, die einem besonders wichtig sind. Es ist eine nette Geste, wenn Sie die Blumen Ihres Nachbarn, der ein toller Gärtner ist, bewundern oder wenn Sie eine Mutter zu ihrem neugeborenen Kind beglückwünschen. Das Geheimnis guter Kollegialität liegt darin, dass man nicht nur an der Arbeit der anderen echtes Interesse zeigt, sondern auch an den Dingen, die ihnen persönlich sehr wichtig sind. Wenn uns ein Leser dieses Buches eine E-Mail schreiben und das Buch loben würde oder wenn jemand in einem Chatroom unsere Websites positiv beurteilen würde, wären wir hocherfreut, weil wir dies als echtes Interesse an unserer Arbeit deuten würden.

Zeigen Sie Interesse an den Stärken, Fähigkeiten und Ressourcen Ihrer Kollegen

Neugier und Interesse sind nicht nur Zeichen, mit denen man einem Freund seine Anteilnahme demonstriert. Sie sind auch wichtige Voraussetzungen für eine fruchtbare Zusammenarbeit im Team. Damit nämlich Teamarbeit effizient sein kann, müssen die Beteiligten die jeweiligen Stärken und Ressourcen der anderen kennen und verstehen. Man muss genau wissen, worin einem der andere überlegen ist. Nicht umsonst sagen Teamentwickler immer wieder: Schlechte Mitspieler im Team haben die Angewohnheit, immer nur ihre eigenen Schwächen zu sehen und ihnen immer nachzugeben. Gute Akteure dagegen sehen ihre Stärken und nutzen sie. Doch die besten Teamplayer sehen nicht nur ihre eigenen Stärken, sondern auch die der anderen und ziehen aus beidem ihren Nutzen.

Helfen

> »Es sieht so aus, als ob Sie ziemlich mit Arbeit überhäuft seien. Kann ich Ihnen bei irgendetwas behilflich sein?«
>
> »Diese Bewerbung scheint Ihnen ziemliches Kopfzerbrechen zu bereiten. Sagen Sie einfach Bescheid, wenn Sie Hilfe brauchen.«
>
> »Ich glaube, ich könnte hier Ihre Hilfe gebrauchen. Meinen Sie, Sie könnten mal eine Stunde erübrigen?«

Wenn man dem anderen seine Anteilnahme zeigt, bedeutet das, dass man an seinem psychischen Wohlbefinden interessiert ist. Doch Anteilnahme besteht nicht nur aus Interesse; man muss auch bereit und willens sein, dem anderem beizustehen. Man kann nur dann von echter Anteilnahme sprechen, wenn Interesse mit Unterstützung gepaart ist.

Wenn Sie einen Kollegen fragen:

> »Was macht Ihr Rücken heute?«,

zeigen Sie zweifellos Interesse an seinem Wohlbefinden. Doch ebenso wichtig ist Ihre Reaktion, wenn er antwortet:

»Die Schmerzen bringen mich noch um.«

Wie würden Sie darauf reagieren? Würden Sie schroff erwidern:

> »Wären Sie doch zu Hause geblieben. Sie sollten nicht zur Arbeit gehen, wenn Sie sich nicht wohlfühlen. Sie können doch dann eh nicht effizient arbeiten!«?

Oder würden Sie in milderem Ton antworten:

> »Gut, dass Sie das sagen. In dem Fall übernehmen wir anderen die schwere Arbeit, und Sie schauen, dass Sie Ihre Arbeit im Sitzen erledigen können. Wenn das Ihrem Rücken auch nicht guttut, sollten Sie lieber ein paar Tage zu Hause bleiben«?

Wenn Ihnen jemand hilft oder auch einfach nur Hilfsbereitschaft signalisiert, gibt er Ihnen das Gefühl, dass er an Ihrem Wohlbefinden Anteil nimmt.

Doch anderen zu helfen bedeutet nicht nur Anteilnahme, es ist auch eines der wichtigsten Geheimnisse für ein gesundes Betriebsklima. Wenn wir einander helfen, können wir danach auch Dankbarkeit füreinander empfinden. Wie das Kapitel 1 zeigt, ist der Dank eines anderen das bestmögliche positive Feedback, das wir bekommen können. Denn dadurch spüren wir, dass die eigene Arbeit von den anderen geschätzt wird, und wir sind motiviert, in Zukunft auch den anderen zu helfen.

Unternehmen sollten die Wirkung, die gegenseitige Hilfsbereitschaft auf die betriebliche Arbeitsatmosphäre und nicht zuletzt auf die Arbeitseffizienz hat, berücksichtigen, wenn sie ergebnisorientierte Bonussysteme einführen wollen. Idealerweise ist ein solches System so organisiert, dass die Mitarbeitenden nicht nur für ihre eigenen Leistungen belohnt werden, sondern auch dafür, dass sie den anderen helfen. Fußball- und Eishockeytrainer sind sich der Tatsache wohl bewusst, dass die Spieler nicht nur für die Tore, die sie schießen, belohnt werden sollten, sondern auch dafür, dass sie den anderen Spielern den Ball bzw. den Puck gut zuspielen.

Ein Anliegen zur Sprache bringen

Angenommen, in Ihrem Arbeitsumfeld gibt es einen Kollegen, der ein seltsames oder für seine Persönlichkeit untypisches Verhalten zeigt. Alle machen sich Gedanken um ihn und reden allmählich darüber, was mit dem Kollegen los sein könnte. Sie überlegen auch, was sie in dieser Situation tun könnten. Doch niemand unternimmt konkret etwas. Kommt Ihnen das bekannt vor?

Die Situation, dass ein Kollege sich merkwürdig verhält und die anderen sich um sein Wohlbefinden sorgen, kommt in Betrieben ziemlich häufig vor. Doch was soll man in solchen Situationen tun? Soll man auf die betreffende Person zugehen und ihr vorschlagen, sich Hilfe zu suchen? Oder soll ich mit jemandem über die Angelegenheit sprechen, der sich professionell mit solchen Problemen beschäftigt? Wenn man nicht weiß, was man in einer solchen Lage tun soll, kann es schließlich so weit kommen, dass alle hinter vorgehaltener Hand über die Sache reden, aber niemand konkrete Schritte unternimmt. Wenn man nicht handelt, weil man diskret sein möchte, kann das unerfreuliche Konsequenzen haben. Wenn man über das Verhalten eines Kollegen beunruhigt ist, kann man z. B. mit den übrigen Kollegen reden und sich überlegen, was jetzt angebracht wäre. Es gilt die Faustregel: Schon allein die Formulierung, dass man um die Person besorgt ist, bedeutet Anteilnahme. Doch überhaupt nichts zu unternehmen oder das Problem einem professionellen Helfer zu übertragen ist keine echte Anteilnahme.

Wenn Sie Ihre Besorgnis dem betreffenden Kollegen gegenüber verbalisieren, sollten Sie Folgendes beachten:

- Sagen Sie ihm, dass Sie gerne mit ihm über ein paar Dinge sprechen möchten, und fragen Sie ihn nach einem geeigneten Zeitpunkt für das Gespräch.
- Sagen Sie ihm, dass Sie und die anderen Kolleginnen und Kollegen sich Sorgen um ihn machen. Erklären Sie ihm, weshalb Sie besorgt sind und welche Veränderungen Sie in letzter Zeit an seinem Verhalten beobachten.
- Geben Sie ihm Zeit zu reagieren, und zeigen Sie Verständnis – egal, wie er reagiert.
- Bieten Sie ihm Ihre Hilfe an, aber keine trivialen, vorgefertigten Lösungen.
- Lassen Sie ihm Zeit, über das Gespräch nachzudenken.
- Vereinbaren Sie, dass Sie sich bald wieder mit ihm zusammen-

setzen und gemeinsam beraten, wie es am besten weitergehen könnte.

- Bieten Sie ihm Ihre Begleitung und moralische Unterstützung an, wenn er professionelle Hilfe braucht.

> In einer Werbeagentur entschlossen sich die Mitarbeitenden, ihre Arbeitsmoral mithilfe von Spielen zu verbessern. Sie entschieden sich für ein Spiel mit dem Namen »Geheime Freunde«. Alle schrieben ihre Namen auf ein Stück Papier, und die Zettel wurden anschließend in einem Hut gesammelt. Danach fischte sich jeder einen Zettel aus dem Hut, und die Person, deren Name darauf stand, wurde sein »geheimer Freund«.
>
> Jeder hatte die Aufgabe, seinem jeweiligen »Freund« eine Freude zu machen, ohne dabei die eigene Identität preiszugeben. Einer kaufte z. B. eine Flasche Wein und steckte sie heimlich in die Tasche seines »Freundes«. Eine Mitarbeiterin schrieb ihrem »Freund« witzige Gedichte, und eine andere, die wusste, dass ihr »Freund« einen grünen Daumen hatte, legte heimlich Blumensamen und -zwiebeln in sein Fach.
>
> Dieses Spiel zog sich über zwei Monate hin. Bei einer eigens dafür organisierten Veranstaltung wurde schließlich die Identität aller Beteiligten aufgedeckt. Dabei erzählten die Mitarbeiter auch, wen sie in diesen zwei Monaten jeweils für ihren »geheimen Freund« gehalten hatten.

Fragen für die Diskussion über Anteilnahme

- Was implizieren die Ausdrücke »Anteilnahme« und »einander wahrnehmen«?
- Macht man sich von Natur aus Gedanken um die anderen Menschen, oder hängt das von Gewohnheiten und Verhaltensweisen ab, die sich ändern lassen?
- Was müssen andere Menschen sagen oder tun, um Ihnen das Gefühl zu geben, dass sie Ihnen echte Anteilnahme entgegenbringen?
- Auf welche Weise können Sie jemandem Ihre Hilfe so anbieten, dass er sie leicht annehmen kann?

- Woran erkennen Sie, dass jemand tatsächlich Anteil an den anderen nimmt – außer an seinen Worten?
- Was sollten Sie tun, wenn Sie der Ansicht sind, dass ein Kollege ernsthafte Probleme hat?
- Wann halten Sie das Interesse der anderen an Ihnen für echte Anteilnahme und wann nur für unangenehme Schnüffelei?
- Auf welche Weise können Sie die anderen nach ihrem Wohlbefinden fragen, wenn Sie aus echtem Interesse erfahren wollen, wie es ihnen geht, und nicht nur den üblichen Höflichkeitsformen Genüge tun wollen?
- Was oder wonach würden Sie gerne von anderen öfter gefragt werden?

5 PROBLEME

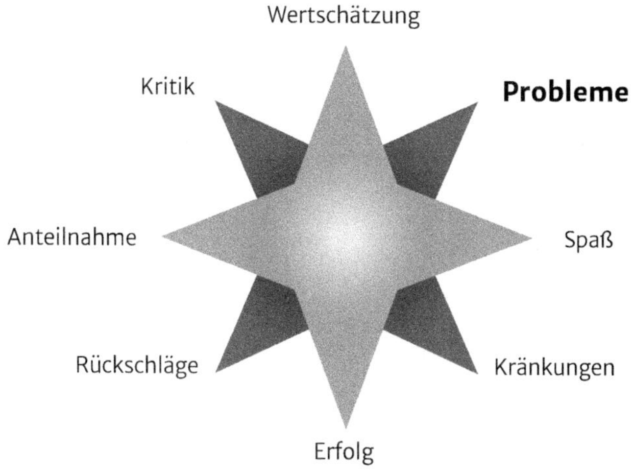

EHEFRAU »Wollen wir heute Abend nicht mal über unsere Probleme reden, Liebling?«

EHEMANN »Eine wunderbare Idee, Liebes! Da können wir sogar die ganze Nacht mit zubringen.«

Es fällt den meisten schwer, über die Lösung zwischenmenschlicher Probleme so miteinander zu sprechen, dass sich auch wirklich etwas verbessert. Diese Schwierigkeit liegt vor allem daran, dass man in dem Moment, in dem man über ein bestimmtes Problem nachdenkt, auch sofort überlegt, was die Ursache dafür sein könnte. Daran ist im Grunde genommen nichts falsch – wenn man Rauch in der Wohnung bemerkt, muss man natürlich die Ursache der Rauchentwicklung herausfinden, damit man etwas dagegen unternehmen kann. Das ist also eigentlich eine völlig normale Art, ein Problem zu lösen. Anders ausgedrückt: Wenn wir ein Problem wahrnehmen, denken wir zuallererst über seine Ursache nach, und wenn wir die Ursache kennen, kann das Problem gelöst werden – zumindest glauben wir das. Wenn z. B. die Fahrradkette ständig rausspringt, untersucht man das Fahrrad, um die Ursache des Problems zu finden, und entdeckt dabei vielleicht, dass die Kette zu locker ist. Man zieht die Kette an, und – Hokuspokus Fidibus! – es läuft wieder wie geschmiert.

Der Problem-Teufelskreis

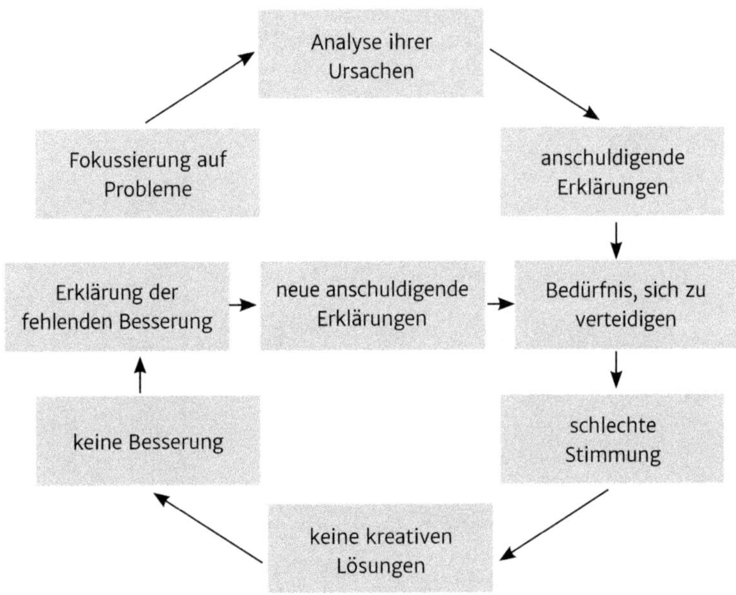

Ein Problem mit der Ursachensuche anzugehen ist ein vernünftiger Lösungsansatz, wenn das Problem eindeutig durch einen identifizierbaren Faktor verursacht worden ist und sich korrigieren lässt.

Doch genau dieser Ansatz ist für den Umgang mit zwischenmenschlichen Problemen völlig ungeeignet. Wenn man Probleme mit dem Partner hat, lässt sich die Situation meistens nicht einfach dadurch bereinigen, dass man sich zusammensetzt und gemeinsam die Beziehung analysiert. Unabhängig davon, wie gut man die Ursache der Probleme zu kennen glaubt, ist einem hinterher auch nicht klarer, wie man die Beziehung zum Partner nun gestalten will oder wie man so etwas wie eine ideale Partnerschaft zustande bringen kann. Genauso ist es in Unternehmen und Organisationen. Wenn im Betrieb eine schlechte Arbeitsatmosphäre herrscht und man über diese Problematik und ihre potenziellen Ursachen spricht, verbessert sich die Arbeitsatmosphäre dadurch nicht automatisch. Manchmal entstehen durch die Analyse der Probleme nur noch mehr Schwierigkeiten. Aber weshalb ist das so?

Auf diese Frage gibt es eine einfache Antwort: Wenn Menschen miteinander über Probleme sprechen und dabei nach dem Motto »Finden wir erst einmal die Ursache« vorgehen, führt das fast immer dazu, dass sie sich gegenseitig die Schuld zuschieben, auch wenn sie das anfangs gar nicht wollten. Wenn man über die möglichen Ursachen eines Problems nachdenkt, versucht man gleichzeitig, eine Erklärung für die Existenz des Problems zu finden. Und wenn man die gefunden hat, tritt sie fast immer im Gewand der Schuldzuweisung auf.

Wer ist schon begeistert, wenn er für ein Problem verantwortlich gemacht wird, an dem er seiner Ansicht nach gar nicht schuld ist?

»Gestern wurde die Post überhaupt nicht abgeschickt!«

»Warum schauen Sie mich an – ich bin dafür nicht zuständig!«

Wie reagieren Sie, wenn Sie zu Unrecht für etwas beschuldigt werden? Vielleicht verteidigen Sie sich und legen Ihre Sicht der Dinge dar, oder Sie werden wütend und schmieden Rachegedanken. Vielleicht schweigen Sie auch zu der Anschuldigung und verzichten auf einen Einwand. Auf jeden Fall ist es immer sehr unangenehm, wenn die gemeinsamen Gespräche von Schuldzuweisungen geprägt sind und man mit dem Finger auf andere zeigt. Kaum einer bringt es fertig, angesichts einer ungerechtfertigten Anschuldigung gegen ihn ruhig zu bleiben und zu sagen:

> »Nun denn, ich bin es gewohnt, dass ich die Sache ausbaden muss, also bringt mich das bisschen auch nicht mehr um.«

Das Muster von Beschuldigung und Verteidigung taucht in Alltagsgesprächen überraschend häufig auf. Man bringt ein Problem zur Sprache, und über kurz oder lang sind alle Gesprächsteilnehmer dabei, sich entweder zu verteidigen oder die anderen zu beschuldigen (was eine Taktik der Selbstverteidigung ist). Sie sagen Ihrer Kollegin, dass die Pizza, die sie für Sie bestellt hat, nach nichts schmeckt. Die Kollegin ärgert sich und erwidert:

> »Was beklagen Sie sich denn? Wenn sie Ihnen nicht schmeckt, freut sich bestimmt der Hund darüber!«

Mit anderen Worten: Sie haben ein Problem und beziehen Ihre Kollegin in die Lösung dieses Problems mit ein. Wie wäre es stattdessen, die fade schmeckende Pizza einfach mit Salz und Pfeffer nachzuwürzen? Aus der Sicht Ihrer Kollegin haben Sie sie dafür verantwortlich gemacht, dass die Pizza nach nichts schmeckt. Sie könnte sogar auf die Idee kommen, Sie wollten sie allen Ernstes dafür beschuldigen, bei der falschen Pizzeria bestellt zu haben – oder so ähnlich. Kein Wunder, dass Ihre Kollegin ärgerlich wird.

Anklagende Beschuldigungen sind kontraproduktiv für die gemeinsame Problemlösung. Sie zwingen den anderen dazu, in die Defensive zu gehen, und ersticken Kreativität und Kooperationsbereitschaft, die für eine zufriedenstellende Lösung des Problems notwendig sind. Und wenn keine Lösungen gefunden werden, sind die Betroffenen weiterhin mit dem Problem konfrontiert. Früher oder später fragen sie sich, weshalb das Problem eigentlich immer noch da ist, obwohl man doch – scheinbar ein für alle Mal – darüber gesprochen hat. Diese Überlegung führt direkt in die zweite Phase des Teufelskreises, in der dann weitere anklagende Erklärungen vorgebracht werden, z. B.:

> »Wer ist schuld daran, dass das Problem immer noch nicht gelöst ist, obwohl wir schon längst darüber gesprochen haben?«

Probleme in entsprechende Ziele umwandeln

Wir können den Teufelskreis der versuchten Problemlösung durchbrechen. Damit dies gelingt, dürfen wir uns nicht an den Problemen festbeißen, sondern müssen über die mit der Lösung verbundenen Ziele sprechen. Für jedes Problem existiert ein korrespondierendes Lösungsziel. Wir müssen es nur herausfinden und dann das Problem in dieses entsprechende Ziel verwandeln. Wenn das Problem z. B. darin besteht, dass im Betrieb die Kommunikation nicht funktioniert, würde das entsprechende Ziel lauten: Die Kommunikation soll funktionieren. Wenn man sich hingegen auf das Gespräch über das Problem konzentriert, wird man unversehens in den Teufelskreis der gegenseitigen Anschuldigung hineingezogen. Wenn wir stattdessen über ein Ziel sprechen, wird die Unterhaltung automatisch konstruktiv.

> Denn Probleme verlangen nach einer Analyse ihrer Ursachen, Ziele dagegen verlangen nach Ideen, wie sie sich erreichen lassen.

Bevor Sie eine Diskussion über Probleme eröffnen, sollten Sie grundsätzlich die dazugehörenden Ziele formulieren. Außerdem sollten Sie alle Beteiligten dazu ermuntern, dass auch sie die bestehenden Ärgernisse und Probleme gleich zu Beginn des Gesprächs in Ziele verwandeln. Wenn man über Ziele statt über Probleme spricht, gibt man den anderen nicht das Gefühl, sie beschuldigen oder kritisieren zu wollen. Und dann können sich alle mit der Frage beschäftigen, wie diese Ziele am besten zu erreichen sind – und zwar unabhängig davon, ob Sie es mit Problemen am Arbeitsplatz, mit störenden Verhaltensweisen anderer Menschen oder mit eigenen schlechten Angewohnheiten zu tun haben.

Wandeln Sie eine doppelt negative Aussage in eine positive um

Wenn man in Unternehmen oder Organisationen die Mitarbeitenden fragt, durch welche Veränderungen ein angenehmeres Betriebsklima entstehen könnte, erwähnen sie häufig die negativen Dinge, die sie gerne anders hätten, gehen aber selten darauf ein, welche positiven Dinge ihrer Ansicht nach geschehen sollten. Wenn jemand sagt, dass er etwas für ihn *Negatives nicht* will, macht er, genau genommen, eine doppelte Verneinung (z. B.: Ich will *kein schlechtes* Essen). Und dabei bedarf es nur einer winzigen Anstrengung, um eine doppelt negative in eine einfache positive Aussage zu verwandeln (z. B.: Ich will *gutes Essen*).

> Ein Grundschullehrer bat seine Schüler, die Atmosphäre im Klassenzimmer zu beschreiben, die sowohl für die Schüler als auch für den Lehrer angenehm wäre. Die Schüler antworteten fast durchweg mit doppelt negativen Aussagen:
>
> »nicht lärmen«
> »nicht hänseln«
> »nicht mit Radiergummis werfen«
> »nicht fluchen«
> »andere nicht herumschubsen«
>
> Um den Schülern zu demonstrieren, wie sie das Gewünschte und Erhoffte (statt des Nichtgewünschten und Nichterhofften) beschreiben können, forderte der Lehrer die Schüler auf, alle doppelt negativen Aussagen in positive Formulierungen zu verwandeln. Innerhalb kürzester Zeit hatten die Kinder ihre Liste folgendermaßen verändert:
>
> »Wir können leise sein.«
> »Wir sind nett zueinander.«
> »Wir lassen die Sachen auf dem Tisch liegen.«
> »Wir reden freundlich miteinander.«
> »Wir klären Streitigkeiten mit Worten.«

Sobald doppelt negative in positive Aussagen verwandelt werden, wird das Gespräch über Probleme viel einfacher.

Ziele erreichen

Wenn Probleme in entsprechende Ziele und doppelt negative Aussagen in positive umgewandelt werden, hat man nicht mehr das Bedürfnis, über die Lösung der Probleme zu reden, sondern will lieber etwas zur Erreichung der Ziele unternehmen. Der Umstand, dass das Gespräch zielorientiert geworden ist, bedeutet natürlich noch nicht automatisch, dass die Ziele auch erreicht werden. Die Formulierung von Zielen löst zwar noch keine Probleme, aber es lässt sich danach leichter über die problematischen Themen reden; denn eine konstruktive Diskussion über konkrete Ziele empfinden wir als angenehmer denn ein Gespräch über Probleme.

Ob wir ein bestimmtes Ziel auch tatsächlich erreichen, hängt weitgehend davon ab,

- wie sehr wir das Ziel erreichen wollen, und
- wie stark wir daran glauben, dass wir das Ziel erreichen können.

Diese simple »Motivationstheorie« lässt sich auf folgende Formel bringen:

Wahrscheinlichkeit, ein Ziel zu erreichen	=	Interesse daran, das Ziel zu erreichen	x	Vertrauen in die eigene Fähigkeit, das Ziel zu erreichen

Mit dieser Formel können Sie die gesetzten Ziele auch tatsächlich erreichen. Wenn nämlich ein Ziel definiert ist, können Sie aktiv dazu beitragen, dass die Wahrscheinlichkeit, es auch zu erreichen, größer wird, indem Sie

- die Motivation der Beteiligten und ihr Interesse an der Umsetzung des Ziels fördern und sie in der Annahme bestärken, dass am Ende etwas Nützliches steht, und
- die Beteiligten in ihrer Überzeugung bekräftigen, dass das Ziel nicht nur ein Luftschloss, sondern realistisch und erreichbar ist.

Unsere Bereitschaft, es bis zum Ziel zu schaffen, hängt hauptsächlich davon ab, als wie nützlich oder wertvoll wir das potenziell zu erreichende Ziel einschätzen und welche Zufriedenheit wir wahrscheinlich daraus ziehen werden. Je größer der Nutzen ist, den wir mit einem bestimmten Ziel verbinden, desto schneller wollen wir ans Ziel gelangen. Wenn ich lernen will, wie man Websites erstellt, kommt mir dieses Ziel umso interessanter vor, je stärker ich davon überzeugt bin, dass das erworbene Wissen meiner Firma nützen und mir Befriedigung verschaffen wird.

Sehr viele Faktoren können die Beteiligten in ihrer Überzeugung bestärken, dass sie ein bestimmtes Ziel erreichen werden. Zu diesen Faktoren gehören:

Sie haben bestimmte Ziele von Zeit zu Zeit tatsächlich erreicht.

»Da war doch diese Sitzung, die wirklich gut lief, oder?«

Sie sind der Erreichung des Ziels schon einen Schritt nähergekommen.

»Sie müssen zugeben, dass die Sitzungen, die wir dieses Jahr abgehalten haben, etwas erfolgreicher verlaufen sind als die im letzten Jahr.«

Sie haben ähnliche Ziele zuvor schon erreicht.

»Unser Vorhaben, dass die Sitzungen zum Thema Kundenschnittstelle geordneter ablaufen, war doch ein ziemlicher Erfolg, oder?«

Es sind bereits Ressourcen vorhanden, die zum Erfolg beitragen können.

»Der Geschäftsführer hat uns zwar angeboten, dass wir zur Unterstützung einen Experten von außen holen. Aber ein paar unserer eigenen Leute besitzen auch die notwendige Sachkenntnis für unseren Plan.«

Will ich lernen, wie man Animationen in Websites integriert, wächst mein Glaube an die Umsetzung dieses Ziels: wenn ich schon ein gewisses Verständnis davon habe, wie die Animationstechnik bei Websites funktioniert (dem Ziel einen Schritt näher); wenn ich schon genug Übung darin habe, eine kleine Animationssequenz zu entwickeln (partiell erreichtes Ziel); wenn ich zuvor gelernt habe, wie man ähnliche Software-Anwendungen benutzt (ähnliche Ziele sind schon erreicht worden); und wenn mir dann auch noch der in Computer-Animation versierte Sohn meines Freundes hilft, das Zehnfingersystem auf der Tastatur zu beherrschen, und mir jemand meine Begabung für diese Tätigkeit attestiert und ich einen leistungsfähigen PC mit einem großen Monitor habe (Ressourcen).

Wenn man sich auf ein gemeinsames Ziel einigt, lässt sich die Erfolgswahrscheinlichkeit dadurch steigern, dass z.B. diese Fragen diskutiert werden:

- Wie viel bringt es dem Einzelnen, wenn wir unser Ziel erreichen?
- In welchem Ausmaß wirkt es sich positiv auf unsere Arbeitsatmosphäre aus, wenn wir das Ziel erreichen?
- Inwieweit können andere Parteien von der Realisierung des Ziels profitieren?

- Welche Fortschritte sind bereits erzielt worden, die uns dem Ziel näherbringen?
- Welche ähnlichen Ziele haben wir in der Vergangenheit schon erreicht?
- Welche Erfahrungen, Fähigkeiten, Eigenschaften oder Vorlieben haben die Personen, die an der Umsetzung des Ziels beteiligt sind?
- Was haben wir bereits geleistet, um das Ziel zu erreichen?
- Wem können wir für die Fortschritte danken, die wir auf dem Weg zu unserem Ziel schon gemacht haben?

Wenn man die Wahrscheinlichkeit, sein Ziel zu erreichen, anhand solcher Fragen – und vielversprechender Antworten – erhöht hat, kann man sich überlegen, welchen Kurs man auf dem Weg zum Ziel einschlagen sollte. Statt mit Riesenschritten vorzupreschen, ist es im Allgemeinen besser, wenn man kleine Schritte in die gewollte Richtung geht. Denn überschaubare Vorhaben gelingen in der Regel besser als hochfliegende, extravagante Projekte. Die nächste Phase des Prozesses, in der sich mit kleinen Schritten allmählich Erfolge zeigen, lässt sich leicht konsolidieren, wenn man die Aufmerksamkeit der Beteiligten auf die schon erzielten Fortschritte lenkt und denjenigen, die diese Fortschritte ermöglicht haben, Anerkennung zollt. (Mehr zum Thema Anerkennung des Erfolgs steht in Kapitel 3.)

> In einem Betrieb beschloss die Belegschaft, dass jeder, der sich über etwas beklagt, ohne einen konstruktiven Vorschlag zur Verbesserung der Situation zu machen, einen 10-Euro-Schein in ein Sparschwein stecken muss, dessen Inhalt später für einen Umtrunk bestimmt war, der an einem Freitag nach der Arbeit stattfinden sollte, sobald man genügend Geld zusammenhätte.
>
> Tatsächlich war das Sparschwein bald voll, weil die Mitarbeitenden sich wie gewohnt über irgendetwas beklagten. Einige Kollegen fütterten das Sparschwein nicht etwa, weil sie sich beklagt hatten, sondern weil sie den Plan mit dem Umtrunk gut fanden. Es dauerte nicht lange, bis genügend Geld vorhanden war und der ersehnte Dämmerschoppen unter dem Motto »Gott sei Dank ist Freitag« stattfand. Das Event war ein so großer Erfolg, dass das Sparschwein auch weiterhin immer kräftig gefüttert wurde. Innerhalb kurzer Zeit

hatten die Mitarbeiter gelernt, wie man mit schwierigen Themen konstruktiv umgeht, und irgendwann wurde die kleine Feier auf den Montag verlegt und unter das Motto gestellt: »Gott sei Dank ist Montag!«

Sieben Schritte zur Veränderung

1. **Wandeln Sie die Probleme in Ziele um!**

Betriebsklima und Arbeitsatmosphäre lassen sich durch die Pflege der positiven Aspekte leichter verbessern als durch den Versuch, die negativen Dinge zu beseitigen.

2. **Machen Sie die Ziele interessant!**

Ziele erscheinen nur dann interessant, wenn man genau weiß, welchen Nutzen man daraus ziehen kann.

3. **Spezifizieren Sie die Ziele!**

Ziele bleiben reine Fantasien oder Hirngespinste, wenn man nicht darüber spricht, welche Konsequenzen die Ziele für die Praxis oder den Arbeitsalltag mit sich bringen.

4. **Spezifizieren Sie die Schritte zum Erfolg!**

Ziele lassen sich erreichen, wenn die Beteiligten die einzelnen Schritte in dem Prozess als Etappen auf dem Weg zum Erfolg wahrnehmen. Welches ist der erste, der zweite und der dritte Schritt auf dem Weg zum Ziel?

5. **Stecken Sie sich ein realistisches und erreichbares Ziel!**

Die Beteiligten werden in ihrem Glauben, das Ziel erreichen zu können, bestärkt, wenn sie handfeste Gründe dafür haben, weshalb das zu schaffen ist.

6. **Lenken Sie die Aufmerksamkeit der Beteiligten auf den Fortschritt!**

Wenn die Beteiligten Fortschritte sehen, wächst ihre Überzeugung, dass das Ziel erreichbar ist, und sie entwickeln eine konkretere Vorstellung von den weiteren Schritten.

7. **Schenken Sie Anerkennung, wo es angebracht ist!**

Fortschritte bestätigt man am besten dadurch, dass man sie wahrnimmt und thematisiert und allen Anerkennung schenkt, die diese Fortschritte ermöglicht haben.

Übung

Ein Problem erwächst im Allgemeinen aus einer Situation, über die Sie sich ärgern, aufregen oder beunruhigt sind. Üben Sie, die nachstehenden Probleme auf andere Weise auszudrücken – in konstruktiver Sprache, also indem Sie über Wünsche oder Ziele statt über Probleme sprechen. Unsere Vorschläge dazu finden Sie im Anhang (auf S. 97).

Beispiel:

> »Du sagst mir gar nie, dass du mich liebst.«

Als Ziel oder Hoffnung formuliert:

> »Es ist so schön, wenn du mir hin und wieder sagst, dass du mich liebst. Tu das bitte immer wieder mal – das macht mich einfach glücklich.«

Formulieren Sie die folgenden Aussagen als Ziele oder Hoffnungen:

1. Niemand verlässt diese Sitzung, bevor wir nicht in Erfahrung gebracht haben, weshalb die Kollegen hier unzufrieden sind!
2. Wenn ich feststelle, dass du dein Bett morgen wieder nicht gemacht hast, nehm ich dir das iPad für einen Tag weg.
3. Du bist anscheinend nicht in der Lage, aus eigener Initiative heraus etwas zu unternehmen. Ich muss dir alles vorgeben, als ob du ein kleines Kind wärst.
4. Unser Chef gibt uns nie Rückmeldung.
5. Ich habe einen Kurs über positives Denken gemacht und stelle nun fest, wie negativ wir alle die Dinge um uns herum wahrnehmen.
6. Ich habe Ihnen doch aufgetragen, diese Rechnungen sofort zu verschicken. Warum zum Teufel liegen sie immer noch hier herum?
7. Ich hasse es, wenn die Kunden immer so dumme Fragen stellen!
8. Wer hat das Toilettenpapier aufgebraucht und dann vergessen, eine neue Rolle hinzuhängen?

Fragen für die Diskussion über Probleme

- Warum vermeidet man es gerne, über Probleme zu sprechen?
- Warum kippt die gemeinsame Analyse eines Problems so schnell um in gegenseitige Anschuldigung?
- Eigentlich sollte man offen und ehrlich über alles sprechen können. Weshalb gelingt uns das trotzdem nicht immer?
- Wie kann man über Probleme sprechen, ohne dass alle Beteiligten sich aufregen?
- Wann kann der Versuch einer Problemlösung eher Hindernis als eine Hilfe sein?
- Welches Wort könnten Sie für »Problem« einsetzen, damit Sie leichter über »dieses Thema« sprechen können?
- Warum führt das Gespräch über Probleme allein nicht immer dazu, dass man die beste Lösung dafür findet?
- Wie kann man im Betrieb eine Atmosphäre schaffen, in der es den Mitarbeitern leichtfällt, Probleme zu lösen?

6 KRÄNKUNGEN

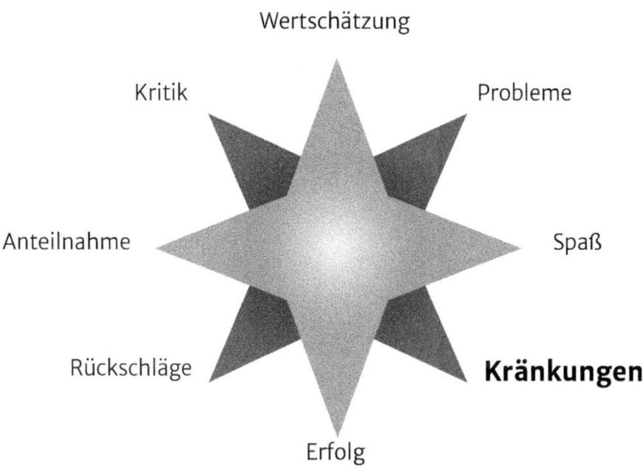

Kränkungen gehören unweigerlich zum menschlichen Miteinander.

In jedem Betrieb und jeder Belegschaft kommt es immer wieder zu gegenseitigen Beleidigungen und Kränkungen. Selbst denjenigen, die mit den ausgefeiltesten sozialen und diplomatischen

Fähigkeiten ausgestattet sind, passiert es mal, dass sie andere durch Worte oder Taten beleidigen. Kränkungen geschehen oft nicht mit Absicht. Manchmal verletzen wir jemanden aus purer Gedankenlosigkeit. In den seltensten Fällen will man die Gefühle anderer vorsätzlich verletzen, und wenn doch, geschieht es im Allgemeinen aus dem Bedürfnis nach Vergeltung. Rachegefühle werden zu einer Waffe, mit der man andere, die einen verletzt haben, kränkt – wenn es nicht gelingt, das Problem gemeinsam zu lösen.

> Ein Schlüssel zu einem gesunden Betriebsklima und zum psychischen Wohlbefinden liegt in der Fähigkeit der Mitarbeiter, Kränkungen zur Sprache zu bringen und aus der Welt zu schaffen.

Im Idealfall ist es so, dass derjenige, der sich gekränkt (beleidigt, betrogen oder verletzt) fühlt, so bald wie möglich nach dem »Ereignis« mit demjenigen spricht, der ihn verletzt hat – und beide räumen das Problem gemeinsam aus dem Weg. Meistens ist es aber so, dass es den Geschädigten eher schwerfällt, mit dem anderen über die erlittene Kränkung zu sprechen, und sie stattdessen vielleicht

- sich zurückziehen und leugnen, überhaupt beleidigt worden zu sein
- die Kränkung wegzustecken versuchen und darauf hoffen, das Geschehene vergessen zu können
- mit anderen über die erlittene Kränkung sprechen, um deren Mitgefühl oder Ratschläge zu bekommen, wie sie am besten mit ihren verletzten Gefühlen fertigwerden könnten und
- auf eine passende Gelegenheit warten, um sich für das erlittene Unrecht zu rächen.

Warum spricht jemand, der eine Kränkung erlitten hat, nicht offen und ehrlich mit denjenigen, die ihn gekränkt haben? Meistens hat der Betroffene Angst davor, dass das direkte Gespräch über seine Kränkung die Dinge eher noch schlimmer macht. Wer sich gekränkt fühlt (ob zu Recht oder zu Unrecht), fürchtet sich vielleicht davor, dass ihn der andere im Gespräch über den Vorfall von Neuem verletzen könnte. Das diesem Verhalten zugrunde liegende Konzept des Teufelskreises aus Kränkung und Beleidigung bezeichnen wir als »Wiederholungstat«, was wir im Folgenden näher erörtern.

Die Angst vor der Aussprache und vor »Wiederholungstaten«

Oft hält die Angst vor Wiederholungstaten Gekränkte davon ab, mit demjenigen, der sie gekränkt hat, über das verletzende Ereignis zu sprechen. Der Betroffene denkt: »Ist es die Sache wirklich wert, mit ihm darüber zu sprechen?« Er beginnt, sich vorzustellen, was passiert, wenn er den anderen auf das Thema anspricht. Ob er schließlich mit dem »Beleidiger« redet oder nicht, hängt davon ab, was für ein Szenario er vor Augen hat.

Folgende altbekannte Geschichte veranschaulicht dieses Phänomen sehr schön, sie ist bei Paul Watzlawick (in seinem Buch *Anleitung zum Unglücklichsein*) nachzulesen:

> Ein Mann will seinen Nachbarn bitten, ihm einen Hammer auszuleihen. Er stellt sich vor, wie der Nachbar ihn fragt: »Aber haben Sie denn keinen eigenen Hammer, um Himmels willen?!« Daraufhin überlegt der Mann sich eine Antwort: »Natürlich, aber ich habe ihn gerade jemandem ausgeliehen.«
>
> In dem Szenario antwortet der Nachbar: »In einem so großen Haus sollte es doch zwei Hämmer geben.« Darauf würde der Mann seinem Nachbarn zur Antwort geben: »Ich habe zwei Hämmer, aber ich kann den anderen nicht finden.« Er stellte sich vor, wie der Nachbar erwidert: »Vielleicht sollten Sie ein bisschen mehr Ordnung halten!« Nachdem der Mann sich einige Spiralen derartiger Szenarien ausgedacht hat, stürmt er hinüber zum Nachbarn und schlägt an die Tür. Als kurz darauf der Nachbar in Hausschuhen öffnet, schreit der Mann ihn an: »Behalten Sie doch Ihren verdammten Hammer!«

Genau dieses Muster wird aktiviert, wenn man hin und her überlegt, ob man über eine erlittene Kränkung reden soll. Dabei hängt es auch von persönlichen Ansichten, Einstellungen und Erfahrungen ab, ob und wie man das Thema letztlich anspricht. Die Angst vor Wiederholungstaten ist nicht aus der Luft gegriffen. Denn man kann sehr leicht Salz in die Wunde des anderen streuen, wenn man sich diese Gefahr nicht vor Augen führt. Wer beschuldigt wird, andere gekränkt zu haben, rächt sich unter Umständen dadurch, dass er »Wiederholungstaten« begeht und sie als Methode zur Selbstverteidigung benutzt.

Zu den typischen Wiederholungstaten gehören folgende Situationen:

Das Gespräch verweigern

»Ich habe keine Zeit, mich mit solchem Kram zu befassen.«

»Ich möchte mit Ihnen nicht mehr darüber reden.«

»Wenn wir miteinander über jede Kleinigkeit, an der Sie Anstoß nehmen, reden wollten, käme ich mit meiner Arbeit überhaupt nicht mehr voran.«

Den Vorfall als erledigt betrachten

»Sie machen aus einer Mücke wirklich einen Elefanten.«

»Fangen Sie nicht wieder damit an!«

»Wenn Sie so etwas als kränkend ansehen, dann ...«

Die Retourkutsche fahren

»Ist Ihnen eigentlich klar, wie oft *Sie mich* schon beleidigt haben?«

»Sie sind also der Ansicht, dass ich unfair zu Ihnen war. Ehrlich gesagt, sind Sie es, der zu allen von uns hier unfair war!«

»Jeder bekommt das, was er verdient, also müssen Sie sich schon selbst die Schuld geben.«

Behaupten, die gekränkte Person habe etwas missverstanden

»Sie haben das völlig falsch verstanden.«

»Ich will Ihnen sagen, was tatsächlich geschehen ist.«

»Es ist ein Missverständnis. Ich habe das überhaupt nicht so gemeint.«

»Zum wiederholten Male, Liebling, du bist komplett auf dem Holzweg.«

Die anderen beschuldigen, überempfindlich zu sein

»Wenn Sie sich über eine derartige Kleinigkeit so ärgern, dann sind Sie einfach viel zu empfindlich.«

»Sie regen sich so schnell auf. Können Sie denn gar nichts vertragen?«

»Ich hatte keine Ahnung, dass Sie so hypersensibel sind.«

»Bis jetzt hat noch niemand an so etwas Anstoß genommen!«

Behaupten, die anderen seien Spielverderber

»Das haben Sie ernst genommen? Das war doch nur ein bisschen Spaß!«

»Haben Sie nicht gemerkt, dass es nur ein Scherz war?«

»Verstehen Sie keinen Spaß?«

»Sie haben offensichtlich keinen Sinn für Humor.«

Suggerieren, die anderen seien paranoid

»Ich habe den Eindruck, Sie haben ein bisschen zu viel über die Sache nachgegrübelt.«

»Niemand hat so etwas gesagt. Das müssen Sie sich eingebildet haben.«

»Ihre Interpretation der Lage ist so lächerlich, dass ich gar nicht weiß, was ich dazu noch sagen soll.«

»Sind Sie öfter der Ansicht, dass alle Ihnen nur ans Leder wollen?«

Einem Dritten von der Kränkung erzählen

Wer gekränkt wurde oder sich ungerecht behandelt fühlt, wendet sich aus Angst vor einer neuen Verletzung seiner Gefühle oftmals an eine dritte Partei. Diese dritte Partei/Person spielt im Umgang mit der Kränkung eine wichtige Rolle. Im besten Fall fungiert sie als Ratgeber und Berater, der

- die Situation aus der Sicht des Gekränkten betrachtet und Mitgefühl zeigt
- gemeinsam mit dem Gedemütigten überlegt, wie er auf die Beleidigung reagieren soll, und
- mit dem Geschädigten ausführlich bespricht, wie er das Problem dem Beleidiger gegenüber zur Sprache bringen soll und wie das Problem am besten zu lösen ist.

Im schlimmsten Fall ist die dritte Partei keine Hilfe, sondern ein Hindernis für die Beilegung des Problems. Dies kann z. B. in folgenden Fällen geschehen:

Die dritte Partei will nicht über den Vorfall reden und macht deutlich, dass es aus ihrer Sicht keinen Grund zur Aufregung gibt.

»Ich möchte nicht in Ihre Streitereien hineingezogen werden.«

»Ich habe keine Zeit, mich auf solchen Blödsinn einzulassen und dafür auch noch eine Lösung zu suchen.«

Die dritte Partei ergreift sofort die Partei des Gekränkten und stellt sich gegen den Beleidiger.

»Nun wissen Sie endlich auch, was es heißt, wenn man sich das jahrelang gefallen lassen muss.«

»Sie sind nicht der Einzige, den er so behandelt.«

»Das ist so unglaublich dreist. Er denkt halt immer nur an sich selbst, aber nicht an die anderen.«

Die dritte Partei ergreift sofort die Partei des Beleidigers und stellt sich gegen den Gekränkten.

»Sie haben noch nie gut Kritik einstecken können.«

»Man erntet das, was man gesät hat.«

»Vielleicht haben Sie das ja auch verdient.«

Die dritte Partei kritisiert den Gekränkten und vermittelt ihm den Eindruck, als sei das Ganze seine Schuld.

»Weshalb haben Sie sich das einfach so gefallen lassen? Ich hätte das möglichst mit gleicher Münze zurückgezahlt.«

»Sie sind einfach zu empfindlich, wenn Ihnen das so nahegeht.«

»Er hat doch nichts Falsches gesagt. Kein anderer hätte sich das so zu Herzen genommen.«

»Sie müssen seine Äußerung komplett missverstanden haben.«

Die dritte Partei sollte dem Gekränkten zuhören und ihm klarmachen, dass es richtig ist, über das Problem zu sprechen; sie sollte ihm zu verstehen geben, dass sie seine emotionale Reaktion auf den Vorfall versteht; sie sollte die Situation auch aus der Sicht derjenigen betrachten, die andere verletzt haben; und sie sollte den Gekränkten nicht nur dazu ermutigen, sich mit der Situation auseinanderzusetzen, sondern ihn auch bei der Bewältigung der Angelegenheit unterstützen:

Zuhören

»Was genau ist passiert?«

»Bitte sagen Sie es mir doch.«

»Natürlich will ich das hören.«

Bestätigen, dass es richtig ist, über das Problem zu sprechen

»Gut, dass Sie darüber gesprochen haben.«

»Ich würde auch mit jemandem darüber reden, wenn ich in einer solchen Lage wäre.«

»Es ist vor allem unter Kollegen wichtig, dass man mit jemandem über solche Dinge reden kann.«

Versuchen, den Gekränkten zu verstehen

»Es ist nicht verwunderlich, dass Ihnen das so nahegeht. Das hätte jeden aus der Fassung gebracht.«

»Es ist völlig verständlich, dass Sie sich aufregen. Ich würde mich auch aufregen.«

»Das ist wirklich äußerst ärgerlich.«

Versuchen, den Beleidiger zu verstehen

»Vielleicht hat er das, was er gesagt hat, nicht so gemeint.«

»Wenn er in Hektik ist, kann er völlig gedankenlos sein.«

»Ich frage mich, was ihn dazu gebracht hat. Es passt gar nicht zu seinem sonstigen Verhalten.«

Den Gekränkten ermutigen, mit dem Beleidiger über den Vorfall zu sprechen, und gemeinsam überlegen, wie er das Thema aufs Tapet bringen könnte

»Natürlich sollten Sie das mit ihm klären.«

»Wenn ich Sie wäre, würde ich das Problem ansprechen.«

»Haben Sie darüber nachgedacht, wie Sie die Angelegenheit ihm gegenüber ansprechen könnten?«

»Sie sollten ihn fragen, ob er für ein Gespräch mit Ihnen Zeit hat, und ihn um einen Termin bitten.«

»Vielleicht sollten Sie ihm sagen, dass Sie gerade deshalb mit ihm über den Vorfall sprechen möchten, weil Sie die Zusammenarbeit mit ihm sehr schätzen.«

»Sie könnten ihm sagen, dass Sie annehmen, er habe Sie nicht mit Absicht beleidigt.«

Das Thema »Kränkung« ansprechen

Wenn man von jemandem wütend und geradezu aggressiv beschuldigt wird, ihn beleidigt zu haben, begibt man sich automatisch in die Defensive. Und aus der Verteidigungsecke heraus kann es leicht passieren, dass man – ohne dies zu wollen – demjenigen, der mit einem sprechen möchte, eine weitere Kränkung zufügt. Der Betroffene fühlt sich dann womöglich so, als würde er geschlagen, obwohl er doch bereits am Boden liegt. Folglich vergrößert sich die Dissonanz, die eigentlich aus der Welt geschafft werden sollte. Das folgende Beispiel veranschaulicht dies:

Der Gekränkte beginnt das Gespräch über sein erlittenes Unrecht in einer aggressiven Weise:

> »Was, zum Teufel, haben Sie sich dabei gedacht, so etwas zu mir zu sagen?«

Der Beleidiger verteidigt sich:

> »Schreien Sie mich nicht an. Ich muss mir das nicht gefallen lassen.«

Die verständliche Verteidigungsreaktion wird zu einer Wiederholungstat, die den bereits Gekränkten noch mehr in Rage bringt:

> »Das ist so typisch für Sie! Man kann mit Ihnen über nichts reden!«

Das Gespräch bricht an diesem Punkt definitiv ab, und das Problem bleibt ungelöst.

Wenn der Gekränkte in ruhigem Ton über das erlittene Unrecht spricht, macht er es dem Aggressor leichter, ihm zuzuhören. Die folgenden Beispiele zeigen das:

> »Das, was Sie gestern gesagt haben, hat mich ziemlich geärgert. Könnten wir mal darüber reden?«

> »Es ist mir wichtig, dass wir weiterhin gut miteinander auskommen. Deshalb möchte ich mir Klarheit darüber verschaffen, was letzte Woche geschehen ist – wenn Ihnen das recht ist.«

> »Mit Sicherheit haben Sie das, was Sie gesagt haben, nicht so gemeint, aber es hat mich ziemlich gekränkt. Und darüber wollte ich gerne mit Ihnen sprechen.«

> »Wenn Sie heute oder spätestens morgen ein paar Minuten Zeit hätten, sollten wir uns mal unterhalten. Ich möchte einfach sicher sein, dass es zwischen uns kein böses Blut gibt.«

> »Hören Sie, da ist etwas, was mich ärgert. Und darüber würde ich gerne mit Ihnen sprechen, wenn Sie mal ein paar Minuten Zeit haben. Wahrscheinlich wollen Sie mir erklären, wie Sie es gemeint haben. Aber ich wäre Ihnen dankbar, wenn Sie mir erst einmal zuhören würden. Ich bitte Sie jetzt nur, mir zuzuhören, was ich zu sagen habe, und anschließend können Sie mir Ihre Sicht der Ereignisse schildern. Wäre das in Ordnung?«

Offen sein für das Gespräch über Kränkungen

Wenn man Kränkungen und Streitereien beilegen will, muss man den natürlichen Impuls, in die Defensive zu gehen, unterdrücken und demjenigen zuhören, der einem mitteilt, dass man ihn beleidigt oder gekränkt hat. Selbstverteidigung ist zwar eine ganz normale Reaktion, führt aber fast immer zu einer Wiederholungstat gegen den bereits Gedemütigten. Wenn man zu jemandem sagt:

> »Ich habe nichts getan, was Sie hätte beleidigen können«,

kann das leicht so klingen, als ob man sagen wollte:

> »Wenn Sie sich verletzt fühlen, ist das allein Ihre Schuld; denn ich habe nichts getan, was Sie hätte beleidigen können!«

Kränkungen schafft man am besten aus der Welt, wenn man ähnlich vorgeht wie im Falle von Tadel oder Kritik. Mit anderen Worten:

Hören Sie dem Gekränkten zu.

> »Bitte erzählen Sie doch.«
>
> »Wir nehmen uns heute Nachmittag etwas Zeit und sprechen über die Sache, damit sie Ihnen nicht auf der Seele lastet.«

Danken Sie ihm dem Gekränkten dafür, dass er das Problem angesprochen hat.

> »Sie hatten recht, die Sache anzusprechen.«
>
> »Ich finde es gut, dass Sie gekommen sind, um mit mir über die Sache zu reden.«
>
> »Es ist so wichtig, dass wir über alles sprechen können. Nur so lassen sich diese Dinge aus der Welt schaffen.«

Zeigen Sie Verständnis die Reaktion des Gekränkten.

> »Es überrascht mich nicht, dass Sie verärgert waren. Das wäre jedem so gegangen.«
>
> »Nun, da Sie mir die Sache erklären, verstehe ich auch, wie Sie sich gefühlt haben müssen.«
>
> »Jetzt begreife ich, dass Sie sich blöd vorgekommen sind. In dem Moment habe ich einfach nicht darüber nachgedacht, wie die Situation aus Ihrem Blickwinkel aussieht.«

Akzeptieren Sie Ihre Verantwortung, und entschuldigen Sie sich für den Vorfall.

> »Es tut mir leid, dass das passiert ist.«

»Ich gebe zu, dass ich die Sache weitaus geschickter hätte angehen können.«

»Ich sehe ein, dass meine Gedankenlosigkeit zu diesem Vorfall geführt hat.«

Treffen Sie eine Vereinbarung, und besprechen Sie mit dem Betroffenen, wie Sie in Zukunft mit derlei Problemen verfahren.

»Gibt es eine Möglichkeit, wie ich das wiedergutmachen kann?«

»Was können wir tun, damit eine solche Situation in Zukunft nicht mehr entsteht?«

»Haben Sie das Gefühl, dass Ihnen unser Gespräch geholfen hat, oder wäre Ihnen eine andere Art der Verständigung lieber?«

Fragen für die Diskussion über Kränkungen

- Weshalb kommt es so leicht zu gegenseitigen Kränkungen?
- Lassen sich Kränkungen überhaupt vermeiden?
- Was sollten Sie tun, wenn Sie annehmen, dass Sie jemanden beleidigt haben?
- Was sollten Sie tun, wenn ein anderer Sie beleidigt hat?
- Was sollten Sie tun, wenn Ihnen jemand mitteilt, Sie hätten ihn beleidigt?
- Warum geben die Menschen im Allgemeinen ungern zu, dass sie gekränkt worden sind?
- Wie kann man eine kränkende Situation so thematisieren, dass man sicher sein kann, dass der andere nicht sofort in die Defensive geht?

7 RÜCKSCHLÄGE

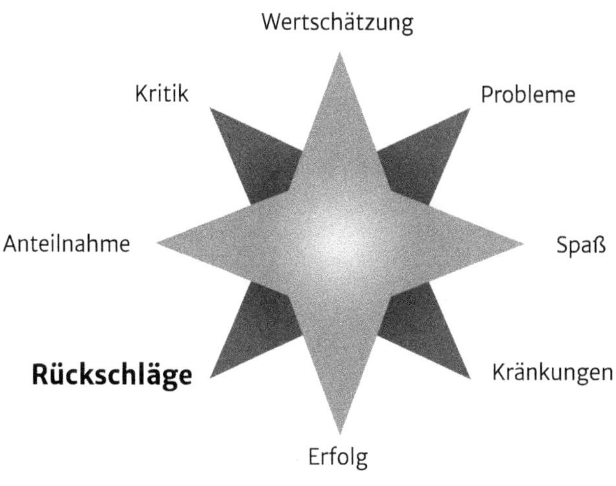

CHEF ZUM MITARBEITER »Fehler sind nützlich, weil wir immer etwas aus ihnen lernen können, aber wie zum Teufel haben Sie es geschafft, ausgerechnet diesen dummen Fehler zu begehen?«

Ein Mann hatte die Autoschlüssel in seinem verschlossenen Auto liegen lassen. Obwohl die Autotür im Nullkommanichts geöffnet werden konnte und sich das blöde Missgeschick schnell beheben ließ, war der Mann zuerst einmal wütend auf sich, weil er die Schlüssel

> im Auto eingeschlossen hatte. Er verbrachte den Rest des Tages und den ganzen darauffolgenden Tag mit Selbstvorwürfen. Zwei Jahre später erinnerte er sich immer noch an den Vorfall. Seine Freunde hätten das Debakel längst vergessen, wenn er nicht so viel Aufhebens davon gemacht hätte.

Wenn Kinder so elementare Dinge lernen wie aufstehen, laufen, sprechen, allein essen, sich anziehen, einen Purzelbaum schlagen, aus der Flasche trinken, Fahrrad fahren, malen usw., und auch, wenn sie weitere neue Fertigkeiten einüben, erleiden sie permanent Misserfolge und machen viele Fehler. Die meisten Kinder werden mit ihren Fehlern auf eine ganz normale Weise fertig – das heißt, sie nehmen kaum Notiz davon und versuchen es einfach von Neuem. Doch manche Kinder nehmen Fehler nicht auf die leichte Schulter und geraten über jedes Missgeschick in Wut. Folgendes Beispiel soll dies verdeutlichen:

> Die kleine Tina versucht, einen Kreis zu zeichnen, der aber eher wie ein Haufen Spaghetti aussieht. Sie überprüft das Ergebnis und nimmt gelassen ein weiteres Blatt Papier, um einen neuen Versuch zu starten.
>
> Der kleine Tommy dagegen kann sich nicht so ganz für das Kreisemalen begeistern, unternimmt aber dennoch einen Versuch. Doch er ist mit seiner »Arbeit« nicht zufrieden und schafft es nicht, den Kreis zu schließen. Er erkennt sein Scheitern, gerät in Wut, überkritzelt das Gemalte komplett und jammert: »Ich kann das nicht! Ich hab doch gesagt, ich kann das nicht!« Dann zerreißt er das Bild und rennt aus dem Zimmer. Auf seinem Weg nach draußen rempelt er noch die anderen Kinder an und fuchtelt wild mit den Armen.

Auch die Erwachsenen haben ihre eigene Art und Weise, mit Fehlern und Missgeschicken fertigzuwerden. Wenn ein Sportler einen Fehler macht, muss er schnell seine Fassung wiedergewinnen, damit er sich auf seine Leistung konzentrieren kann. Wenn ein Eishockeyteam im Endspiel unterliegt, dürfen die Spieler nicht den Mut verlieren. Sie müssen trotz der Niederlage optimistisch bleiben und mit der gleichen Entschlossenheit und Zuversicht weiterspielen, die sonst zu ihrem Erfolg beigetragen hatten.

> Der 9 Jahre alte William wurde von seinem neuen Fußballteam zum Torwart gewählt. Im ersten Spiel kassierte er drei Tore. Vor dem nächsten Spiel ging er zum Trainer und fragte ihn: »Was kann ich denn machen? Ich habe keine Chance, solche Bälle zu halten.« Der Trainer antwortete nur: »Denk einfach nicht darüber nach, William. Halte einfach einen Ball nach dem anderen.« William fragte sich, was der Trainer gemeint haben könnte.
>
> »Wie meinst du das?«, fragte er. »Es gibt doch nur einen Ball auf dem Spielfeld, oder?«
>
> Der Trainer antwortete: »Das heißt nur, dass du über nichts anderes nachdenken darfst als darüber, den nächsten Ball zu halten, der auf das Tor zufliegt, und dann spielst du ihn deinem Team zurück.«
>
> William spielte ausgezeichnet. Er hielt jeden Ball, und seine Mannschaft gewann. Als das Spiel vorbei war und seine Mannschaftskameraden bereits den Sieg feierten, rannte William auf den Trainer zu und fragte ihn: »Wer hat gewonnen, wir oder die anderen?«
>
> William war so darin versunken gewesen, einfach das zu tun, was sein Trainer ihm gesagt hatte, und hatte sich so stark auf den nächsten Ball konzentriert, dass er nicht einmal mitkriegte, welche Mannschaft gewonnen hatte.

In der Geschichte der Menschheit sind es immer wieder die Fehler und Irrtümer gewesen, denen wir beachtliche Entdeckungen zu verdanken haben. Vielleicht wissen Sie, wie das Penizillin entdeckt wurde.

> Der schottische Forscher Alexander Fleming ließ aus Versehen Petrischalen mit Kolibakterien in seiner Tischschublade stehen. Die Bakterienkulturen fingen an zu schimmeln, und als Fleming die Petrischalen zufällig wiederfand, bemerkte er, dass die Bakterien rund um den Schimmel abgetötet worden waren. Daraus ließ sich leicht schließen, dass der Schimmel, der *Penicillium* hieß, eine bakterientötende Substanz enthielt. Wenn Fleming die Bakterienkulturen nicht in seiner Schublade vergessen hätte und sie nicht hätten schimmeln können, wären Antibiotika vielleicht nie erfunden worden.

In den letzten Jahren hat sich im wissenschaftlichen Kontext der Begriff »Fehlerfreundlichkeit« eingebürgert – es geht um die

Erkenntnis, dass man Fehlern gegenüber positiv eingestellt sein und konstruktiv mit ihnen umgehen soll. »Fehlerfreundlichkeit« impliziert die Vorstellung, dass Fehler, Irrtümer und Missgeschicke einen Schlüssel zum Lernen, zu Fortschritt und Entwicklung bieten können, wenn man eine positive und interessierte Haltung dazu einnimmt. Im Grunde genommen ist die Evolution dadurch entstanden, dass die Natur zu Fehlern neigt. Heutzutage investiert man viel in die wissenschaftliche Forschung über den Umgang mit Fehlern und versucht, Nutzen aus Irrtümern zu ziehen. Versuchen Sie, sich an ein Missgeschick oder einen Fehler zu erinnern, der Ihnen in jüngster Zeit unterlaufen ist. Wie stehen Sie dazu?

- Regen Sie sich darüber auf und bedauern sie ihn?
- Quält es Sie?
- Sind Sie immer noch darüber verärgert?
- Kann es sein, dass Sie allmählich etwas Positives darin sehen?
- Können Sie inzwischen vielleicht sogar sagen, dass der Fehler für etwas gut war?
- Welcher Nutzen kann sich Ihrer Ansicht nach langfristig daraus ergeben?
- Haben Sie aus dem Fehler etwas Positives gelernt?
- Könnten auch andere unter Umständen von Ihrem Fehler profitieren?

Sind Sie manchmal darüber erstaunt, wie dumm die Menschen sein können, oder nehmen Sie eine mitfühlende und verständnisvolle Haltung ihnen gegenüber ein? Sagen Sie z. B. Sätze wie die folgenden?

> »Solche Dinge passieren halt« oder »Es ist gut, dass es jetzt passiert ist; denn jetzt wissen wir, was wir das nächste Mal anders machen müssen ...«?

Die Art, wie die Mitarbeitenden eines Unternehmens sich zu Misserfolgen und Fehlern verhalten, hat einen großen Einfluss auf das Betriebsklima. Eines der Erfolgsgeheimnisse der Nokia-Gruppe ist angeblich der Tatsache zu verdanken, dass die Unternehmenspolitik eine positive Haltung zu Misserfolgen und Fehlern einnimmt. Wenn die Mitarbeiter keine Angst mehr davor haben, dass man ihnen wegen ihrer Fehlschläge die Hölle heißmacht, dann können Kreativität, Experimentierfreude und Innovation gedeihen. Wenn jedoch die Situation genau umgekehrt ist, d. h. die Mitarbeiter Angst vor Fehlern haben, werden sie schnell zögerlich, übervorsichtig und zurückhaltend.

> Eine alte chinesische Geschichte erzählt von einem armen Bauern, der nichts mehr hatte als ein kleines Stück Land, einen Sohn und ein Pferd. Eines Tages ging das Pferd durch und galoppierte davon in die Berge. Die Dorfbewohner kamen zu dem Bauern und sagten: »Du armer Mann. Was für ein Unglück, dass du dein einziges Pferd verloren hast.« Der Mann schüttelte den Kopf und erwiderte: »Sagt das nicht. Man weiß nie, was im Leben sich als Glück oder Unglück erweist.«
>
> Kurze Zeit später kam das Pferd mit einer ganzen Herde schöner Wildpferde im Schlepptau zurück. Als die Dorfbewohner die prächtigen Pferde sahen, wurden sie neidisch und sagten: »Du Glückskerl, was für ein Glück, solch großartige Pferde zu bekommen.« Der Mann schüttelte den Kopf und erwiderte: »Sagt das nicht. Man weiß nie, was im Leben sich als Glück oder Unglück erweist.«
>
> Der Sohn des alten Mannes machte sich an die Arbeit, die Pferde zu zähmen. Eines Tages warf eines der Pferde den Jungen mit solcher Wucht vom Sattel, dass er sich das Bein brach und das Bett hüten musste. Die Dorfbewohner kamen wieder und sagten: »Du armer Mann. Was für ein Unglück für deinen Sohn, dass er verletzt ist und nicht arbeiten kann.« Wieder schüttelte der Mann den Kopf und erwiderte: »Sagt das nicht. Man weiß nie, was im Leben sich als Glück oder Unglück erweist.«
>
> Kurz darauf brach im Königreich Krieg aus, und alle jungen Männer wurden zum Kampf einberufen. Der Sohn des Bauern war jedoch immer noch zu schwach und konnte sein gebrochenes Bein noch nicht belasten. So kam es, dass er der einzige junge Mann war, der nicht zum Kriegsdienst eingezogen wurde …

> Eine andere Geschichte erzählt von zwei rivalisierenden Schuhmachern, die beide gleichzeitig nach Afrika gingen, um herauszufinden, ob sich der Export von Schuhen dorthin lohnen würde.

> Als der erste wieder nach Hause zurückkehrte, lautete sein Kommentar: »Was für eine überflüssige Reise. Die Afrikaner tragen ja gar keine Schuhe.«
>
> Als der zweite ein paar Tage später zu Hause ankam, grüßte er seine Familie und Mitarbeiter und sagte begeistert: »Dort unten gibt es garantiert eine Riesennachfrage nach Schuhen!«

Wie man auf Rückschläge, Misserfolge und Fehler anderer reagieren sollte

Wenn jemand Ihnen von seinen Rückschlägen erzählt, will er in der Regel von Ihnen hören, was Sie davon halten. Mit einem behutsamen Gespräch und sorgfältig gewählten Worten können Sie ihm helfen, über seine Rückschläge hinwegzukommen. Wenn aber Ihre Äußerungen in diesem Gespräch unüberlegt sind, erweisen Sie ihm einen Bärendienst und sorgen dafür, dass der Vorfall ihn noch länger beschäftigen wird.

Wenn man jemandem helfen möchte, der einen Rückschlag erlebt hat, ist die *beste* Vorgehensweise vielleicht die, dass man sich erst einmal vorstellt, was man tun müsste, damit er sich *noch schlechter* fühlt. Und das funktioniert folgendermaßen:

1. **Sagen Sie dem Betreffenden klipp und klar, dass Sie an dem Vorkommnis nicht interessiert sind.**

   »Ich muss leider gehen – ich bin in Eile.«

   »Das ist mir völlig schnuppe.«

   »Sie haben keine Ahnung, was mir selbst einmal passiert ist …!«

2. **Betrachten Sie den Vorfall als erledigt.**

   »Ach, das ist doch nicht weiter von Bedeutung.«

   »Das ist noch gar nichts im Vergleich zu dem, was dem Soundso passiert ist!«

   »Das passiert jedem irgendwann mal.«

   »Sie müssen die Dinge eben nehmen, wie sie kommen.«

3. **Kritisieren Sie den Betreffenden dafür, wie er auf den Vorfall reagiert.**

   »Sie machen aus einer Mücke einen Elefanten.«

   »Sie nehmen das ein bisschen arg ernst, oder?«

   »Warum blasen Sie diese Kleinigkeit denn so auf?«

   »Das passiert doch jedem, und deshalb lohnt es sich gar nicht, darüber nachzudenken.«

4. **Zeigen Sie Ihre Verwunderung darüber, dass der Betreffende sich immer noch über den Vorfall aufregt.**

   »Und Sie regen sich immer noch darüber auf?«

   »Wollen Sie den Rest Ihres Lebens damit verbringen, sich darüber zu ärgern?«

   »Warum können Sie das nicht einfach vergessen?«

   »Sind Sie immer noch nicht darüber hinweg? Passiert ist passiert!«

Wenn Sie wollen, dass jemand über einen Rückschlag nicht hinwegkommt oder ein verletzendes Ereignis nicht vergessen kann, ist das der Weg, auf dem Sie dies erreichen. Wollen Sie aber jemandem wirklich beistehen und ihm aus seiner unangenehmen Lage helfen, dann sollten Sie genau das Gegenteil tun. Mit anderen Worten:

1. **Zeigen Sie Interesse, und hören Sie zu.**

   »Bitte erzählen Sie doch.«

   »Würden Sie mir den Vorfall bitte noch etwas ausführlicher schildern ...?«

   »Ich bin im Moment etwas in Eile, aber heute Nachmittag stehe ich Ihnen zur Verfügung, und dann sagen Sie mir, was los war.«

2. **Akzeptieren Sie das emotionale Gewicht des Vorfalls.**

   »Es ist einfach schrecklich, dass das passieren konnte.«

   »Das würde mich auch wütend machen.«

   »Jeder würde sich ärgern, wenn ihm das passiert wäre.«

3. **Zeigen Sie dem Betreffenden Ihren Respekt davor, wie er auf den Vorfall reagiert hat.**

   »Alle Achtung, dass Sie so ruhig geblieben sind!«

   »Ich bin sicher, ich wäre ausgerastet!«

»Wie um alles in der Welt haben Sie es geschafft, dass sich die Sache nun trotzdem zum Guten wendet?«

4. **Zeigen Sie Verständnis dafür, dass der Betreffende Zeit braucht, bis er die Sache überwunden hat.**

   »Auch jeder andere würde eine ganze Weile brauchen, um darüber hinwegzukommen.«

   »Es ist gut, dass Sie darüber sprechen können.«

Mit anderen Worten: Wenn Ihnen jemand mitteilt, dass ihm etwas Unangenehmes widerfahren oder etwas schiefgegangen ist, und Sie ihm helfen wollen, sollten Sie ihm keinen Vorwurf wegen seiner Reaktion machen, sondern ihn emotional unterstützen. Zeigen Sie Verständnis dafür, dass er das Geschehene nicht so einfach ad acta legen kann. Sie können ihm auch sagen, dass es Ihnen in einem solchen Fall genauso schwerfallen würde, über die Sache hinwegzukommen. Bestätigen Sie ihn außerdem in der Art, wie er mit dem Vorfall umgegangen ist, und überlegen Sie erst danach gemeinsam, wie er die Angelegenheit so schmerzlos wie möglich hinter sich bringen kann.

Fragen für die Diskussion über Rückschläge

- Was meinen wir, wenn wir sagen »Es war einfach ein dummer Zufall«, »Was uns nicht umbringt, macht uns stark« oder »In allem findet sich irgendetwas Gutes«?
- Warum haben die Menschen Angst vor Fehlern und Irrtümern?
- Wie sollte ein guter Vorgesetzter mit den Fehlern seiner Mitarbeitenden umgehen?
- Warum können manche Menschen Rückschläge schneller wegstecken als andere?
- Welche Rolle spielen die Ansichten und Einstellungen der anderen, wenn jemand versucht, über einen erlittenen Rückschlag oder über ein Missgeschick hinwegzukommen?
- Welche Rolle spielt der Humor, wenn man auf weit zurückliegende Misserfolge und Pannen zurückschaut?

- Warum ist es für das eigene Wohlbefinden oft besser, wenn man mit anderen über seine Misserfolge spricht, als wenn man sie für sich behält?
- Manchmal muss man Misserfolge analysieren, um ihre genauen Ursachen herauszufinden. Manch andere Fehlschläge sollte man einfach hinter sich lassen und vergessen. Doch woher weiß man, zu welcher Kategorie ein Misserfolg gehört?
- Welche Einstellung sollte man zu seinen Misserfolgen und Fehlern einnehmen, wenn man sich noch lange mit der Erinnerung daran quälen will?
- Wie kann man jemandem helfen, seine Misserfolge zu verkraften?

8 KRITIK

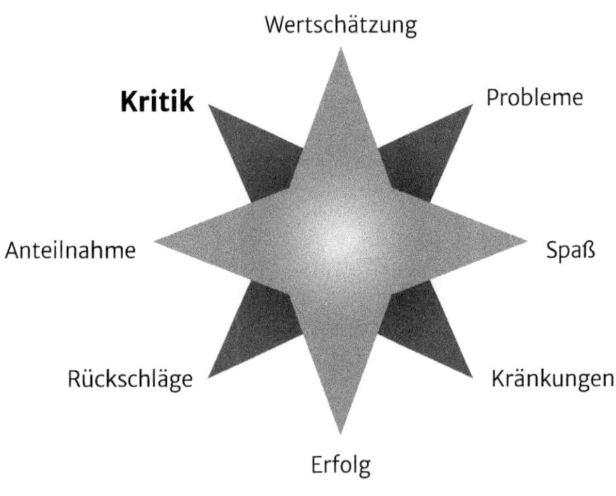

Kritische Rückmeldung geben

Es ist leichter, sich einen Ratschlag anzuhören,
als Kritik einzustecken.

Es ist leichter, einen Vorschlag anzunehmen,
als einen Ratschlag zu befolgen.

Es ist leichter, einen Wunsch zu erfüllen,
als auf einen Vorschlag einzugehen.

Kennen Sie jemanden, der eine unangenehme Angewohnheit oder eine störende Charaktereigenschaft besitzt? Wenn ja: Haben Sie jemals mit ihm darüber gesprochen? Wie hat er reagiert? War er Ihnen dankbar dafür, dass Sie seine Aufmerksamkeit auf diesen Punkt gelenkt haben, sodass er sein Verhalten ändern und seine Eigenart ablegen konnte? Wohl kaum! Im Allgemeinen geht man automatisch in die Defensive, wenn andere etwas an einem auszusetzen haben.

EHEFRAU »Es ärgert mich, dass du immer mit vollem Mund sprichst.«

EHEMANN »Du hast doch immer etwas an mir zu mäkeln.«

Andere zu beeinflussen ist gar nicht so einfach. Wenn man jemanden bittet, eine bestimmte Eigenart abzulegen oder sein Verhalten zu ändern, ist das eine sehr heikle Angelegenheit, denn man kann den Betreffenden ganz schnell vor den Kopf stoßen. Solche Klippen könnte man natürlich dadurch umschiffen, dass man jeden Menschen so akzeptiert, wie er ist – aber das ist unrealistisch. Man gerät ständig in Situationen, in denen man auf andere Menschen einen gewissen Einfluss nehmen muss. Wenn Leute sich so verhalten, dass wir es nicht gutheißen können, müssen wir ihnen das auch sagen. Unabhängig davon, wie sensibel und überlegt Sie jemanden auf konstruktive Art kritisieren, kann es Ihnen immer passieren, dass er sich dagegen verteidigt. Es gibt zwar keine verbindlichen Regeln, wie man am besten Einfluss auf andere ausüben kann, aber es gibt ein paar Prinzipien, die Sie als Kritisierende beachten sollten, damit das Gegenüber Ihnen besser zuhören und auf Ihre Wünsche eingehen kann. Zu diesen unten erläuterten acht Prinzipien veranschaulichen wir Ihnen jeweils an einem Beispiel aus der Praxis, wie Sie das bewerkstelligen können:

Wenn Sie sich am Charakter oder der Haltung eines anderen stören, sollten Sie versuchen, genau zu benennen: Welche konkrete Handlungsweise soll der andere Ihrem Wunsch nach nicht mehr an den Tag legen?

Es ist leichter, Verhaltensweisen zu ändern, als zu akzeptieren, dass etwas mit der eigenen Persönlichkeit, mit inneren Einstellungen oder sogar dem Verstand nicht in Ordnung ist.

> Stellen Sie sich vor, Sie ärgern sich über einen Arbeitskollegen, dem Sie nicht vertrauen können. Dieser Kollege hat die schlechte Angewohnheit, allem zuzustimmen, worum Sie ihn bitten, schert sich aber anschließend nicht darum, die Aufgaben zu erledigen. Wenn Sie so jemandem offen und ehrlich sagen, dass Sie ihn für unzuverlässig halten, beleidigen Sie ihn – das Problem könnte dadurch noch größer werden. Statt sich auf seine Persönlichkeit zu konzentrieren, denken Sie lieber darüber nach, welche konkrete Handlungsweise Sie stört – in diesem Fall also die Tatsache, dass er die zugesagten Tätigkeiten nicht erledigt.

Suchen Sie nach einer positiven Erklärung dafür, warum die andere Person sich so verhält, wie sie sich verhält.
Man kann die Handlungsweise eines anderen Menschen eher beeinflussen, wenn man annimmt, dass er gute Gründe dafür hat, so zu handeln, wie er es nun mal tut.

> Weshalb verhält sich der Kollege so? Sie können es natürlich nicht genau wissen, aber eventuell liegt es daran, dass er zu viel Arbeit zu erledigen hat? Vielleicht trifft auch das nicht zu, aber möglicherweise kann er bei den Aufgaben keine Prioritäten setzen? Könnte es sein, dass er persönliche Sorgen hat? Oder versteht er vielleicht manchmal nicht richtig, was ihm aufgetragen wird? Sind Sie möglicherweise etwas nachlässig, wenn Sie Aufgaben verteilen? Leisten Sie zu dem Problem eventuell auch einen Beitrag? Vielleicht gibt es noch weitere Faktoren, die das Problem erklären könnten. Den Grund für die Unzuverlässigkeit des anderen können Sie nicht eindeutig identifizieren, aber Ihr Ärger lässt etwas nach, wenn Sie eine plausible Erklärung für sein Verhalten finden und ihn nicht nur für unzuverlässig halten.

Überlegen Sie, welches andere Verhalten Sie sich stattdessen vom anderen wünschen und wie es sich von seinem bisherigen Verhalten unterscheidet.
Weil es leichter ist, etwas Neues anzufangen, als eingefahrene Gewohnheiten abzulegen, ist es sinnvoll, Ihre Kritik über unerwünschtes Verhalten in eine Hoffnung auf das erwünschte Verhalten umzuformulieren.

Sie wissen also, wie Ihr Kollege sich *nicht* mehr verhalten soll. Doch bevor Sie mit ihm über das Problem sprechen, sollten Sie eine klare Vorstellung davon haben, was er Ihrer Ansicht nach stattdessen tun sollte. Vielleicht erwarten Sie, dass er einen Zeitplan für die Erledigung des Projekts macht. Sie könnten ihn auch bitten, sich anzugewöhnen, dass er Ihnen immer Bescheid gibt, wenn er kommen sieht, dass er den Zeitplan nicht einhalten kann.

Schlagen Sie dem anderen eine neue Handlungsweise vor.
Wenn man jemandem bittet, sich ein richtiges Verhalten anzueignen, kann er dies leichter annehmen, als wenn man ihn dafür kritisiert, was er alles falsch macht.

Wenn Sie mit Ihrem Kollegen über das Problem sprechen, sollten Sie Begriffe wie »unzuverlässig« oder »nicht eingehaltene Versprechen« vermeiden und vielleicht auch gar nicht thematisieren, was genau Sie an seinem Verhalten stört. Konzentrieren Sie sich lieber darauf, wie Sie sich sein Verhalten in Zukunft vorstellen, ohne dass überhaupt von einem Problem die Rede ist. Der Grund, weshalb Sie das Problem nicht explizit benennen müssen, ist der: Sie teilen ihm mit Ihrem Vorschlag bereits implizit mit, dass Sie ein Problem mit seinem Verhalten haben – und dies wird er schon realisieren, ohne dass Sie es ihm extra noch mal unter die Nase reiben müssen. Sagen Sie z. B.:

> »Ich fände es gut, wenn wir bei den anfallenden Arbeiten nach einem klaren Zeitplan vorgehen würden. Was halten Sie davon? Außerdem finde ich es wichtig, dass Sie zu mir kommen und Bescheid geben, wenn Sie den vereinbarten Zeitplan aus irgendeinem Grund nicht einhalten können.«

Besprechen Sie gemeinsam die Vorteile, die die Änderung des Verhaltens mit sich brächte.
Die meisten Menschen sind motivierter, wenn ihnen die Vorteile einer neuen Handlungsweise bewusst werden, als wenn man ihnen die Nachteile vor Augen führt, die es mit sich brächte, wenn er das gewohnte Verhalten beibehielte.

Für Ihren Vorschlag müssen Sie auch eine Rechtfertigung parat haben. Sie können Ihrem Kollegen zwar erklären, wie ärgerlich es für Sie und die ganze Firma ist, wenn er seine Arbeit nicht pünktlich erledigt. Doch diese Vorgehensweise ist nicht empfehlenswert, weil der andere dies sehr leicht als Kritik auffassen könnte. Statt darauf zu fokussieren, welche negativen Konsequenzen es hätte, wenn alles beim Alten bleibt, ist es besser, den Fokus auf die Vorteile zu lenken, die das vorgeschlagene neue Verhalten hat.

> »Wenn wir uns auf einen Zeitplan einigen, können wir unsere Angebote pünktlich rausschicken, und das stärkt unseren guten Ruf.«

Oder:

> »Informieren Sie mich rechtzeitig, wenn Sie den Zeitplan nicht einhalten können. Dann findet sich bestimmt jemand, der Ihnen bei der Arbeit hilft.«

Sie können Ihrerseits einfach auf die vielfältigen Vorteile des neuen Verhaltens hinweisen, aber noch besser ist es, den Kollegen zu bitten, auch selbst noch weitere Benefits zu benennen:

> »Glauben Sie, ein solcher Zeitplan hätte noch weitere Vorteile?«

Lassen Sie den anderen wissen, dass Sie an seine Wandlungsfähigkeit glauben.
Es ist leichter, daran zu glauben, dass man sich ändern kann, wenn man sieht, dass auch andere an die Veränderungsfähigkeit glauben.

Wenn Ihr Kollege mit dem zukünftigen Arbeitsablauf, den Sie vorgeschlagen haben, einverstanden ist, sollten Sie ihn in dem Glauben bestärken, dass er das Vorhaben wirklich realisieren kann. Fragen Sie ihn nicht:

> »Werden Sie Ihre Aufgaben in Zukunft auch wirklich rechtzeitig erledigen?«

Lassen Sie ihn stattdessen wissen, dass Sie an seine Zuverlässigkeit glauben:

> »Mir ist schon klar, dass es in der Hektik manchmal sehr schwierig ist, Zeitpläne einzuhalten. Aber ich weiß, dass Sie mit dem neuen System zurechtkommen, denn Sie sind ja erfinderisch und lassen nicht locker.«

Oder:

> »Ich bin mir sicher, das wird gut laufen; denn gemeinsam finden wir einen Weg, wie wir unseren Plan einhalten.«

Sie können Ihren Kollegen auch fragen, wie er zu dem vorgeschlagenen Zeitplan steht:

> »Was halten Sie davon? Glauben Sie, er wird funktionieren?«

Entwickeln Sie gemeinsam eine Strategie, wie er die neue Verhaltensweise an den Tag legen kann.
Neue Handlungsweisen zu erlernen erfordert Wiederholung und Übung.

> »Wie können wir diesen Zeitplan nun in die Tat umsetzen? Was schlagen Sie vor?«
>
> »Meinen Sie, wir sollten eine Strategie entwickeln und alle anfallenden Aufgaben nach ihrer Priorität ordnen?«
>
> »Was halten Sie davon, wenn wir eine Woche lang einen Probelauf machen und uns anschließend zusammensetzen, um zu besprechen, wie es mit dem Zeitplan klappt?«
>
> »Wir könnten auch Bob fragen, wenn wir nicht weiterwissen. Er kann Projekte und Aufgaben gut nach Prioritäten ordnen.«

Loben Sie die Person für ihren Fortschritt, und ermutigen Sie auch andere dazu, ihr bei dem erwünschten Verhalten behilflich zu sein.
Es ist schwierig, das eigene Verhalten zu verändern, aber es ist möglich, wenn andere Menschen einem dabei helfen und für die Bemühungen bereitwillig Lob spenden.

> Wünschenswert wäre natürlich, dass eine Veränderung schon nach dem ersten Versuch eintritt. Doch die meisten Menschen brauchen immer wieder positive Rückmeldungen, damit eine zeitweilige Änderung ihrer Verhaltensweisen zu einem dauerhaften Sinneswandel wird. Zum Beispiel könnten Sie so formulieren:
>
> > »Die Dinge liefen ziemlich genau wie geplant! Ihre Methode scheint tatsächlich gut zu funktionieren!«
> >
> > »Es freut mich sehr, dass Sie in letzter Zeit alle Angebote pünktlich rausschicken. Finden Sie das nicht auch großartig?«
>
> Indem Sie die Fortschritte des anderen lobend erwähnen, sorgen Sie dafür, dass die begonnene positive Entwicklung gefestigt wird und bestehen bleibt.

Hier noch mal eine Zusammenfassung, wie Sie konstruktive Kritik äußern können, indem Sie eine Haltung annehmen, die auf den folgenden Prinzipien beruht:

- Die meisten Menschen sind grundsätzlich bereit, auf die Erwartungen einzugehen, die andere an ihr Verhalten stellen – wenn sie verstehen, was man von ihnen erwartet.
- Menschen verhalten sich nicht deshalb inakzeptabel, weil sie halt so sind (z. B. unverschämt, egoistisch, unflexibel, unfähig, ohne Unternehmungsgeist, niederträchtig usw.), sondern weil sie nicht wissen, warum und wie sie sich anders verhalten sollen oder weil sie es wider besseres Wissen einfach vergessen.
- Das Thema, wie man anderen ihre Unzulänglichkeiten vor Augen führen kann, ist ein weites Feld. Konstruktiv vorgetragene Kritik hilft dabei, sich zu verändern; kränkendes Feedback kann die Situation dagegen verschlimmern.
- Die meisten Menschen wissen sehr wohl, was sie falsch machen oder worin sie schlecht sind; nur wissen sie oft nicht genau, wie sie sich stattdessen richtig verhalten sollen.
- Wenn man Menschen die Gelegenheit dazu gibt, gelingt es ihnen besser als anderen, kreative Wege zur Änderung ihres Verhaltens einzuschlagen.

Konstruktive versus offensive Kritik

In den folgenden Tabellen werden die Unterschiede zwischen konstruktiver und destruktiver Kritik beleuchtet. Die Antworten in der *linken Spalte* stellen die Art von offensiver Kritik dar, die den anderen leicht verärgern kann und in die Defensive treibt, die Antworten in der *rechten Spalte* repräsentieren konstruktive Kritik.

Teams oder Arbeitsgruppen, deren Mitglieder nach diesem Modell miteinander umgehen, entwickeln einen scharfen Blick für die Platzierung »korrigierender« Kritik und verbessern dadurch ihre Potenziale sowie das Arbeitsklima.

Wie denken wir über die Motivation anderer Menschen und ihre Fähigkeit zur Veränderung?

offensive Kritik	→ konstruktive Kritik
Menschen wollen sich grundsätzlich nicht ändern und widersetzen sich der Veränderung um jeden Preis.	→ Die meisten Menschen wollen sich verändern und weiterentwickeln, aber sie wissen oft nicht, wie das geht.
Die Menschen können generell keine Kritik vertragen und verteidigen verbissen ihr Verhalten – selbst, wenn sie wissen, dass sie im Unrecht sind.	→ Es ist vollkommen normal, dass Menschen, die kritisiert werden, die Kritik zuerst einmal übel nehmen und ihr Verhalten verteidigen.
Veränderungen sind oft nur vorübergehend, und im Handumdrehen fallen die Menschen wieder in ihr altes Handlungsmuster zurück.	→ Der Weg zur Veränderung ist lang und bringt oft vorübergehende Rückschläge mit sich.

Was wollen wir erreichen, wenn wir kritisches Feedback geben?

Wir wollen so schnell wie möglich das Problem beseitigen.	→ Wir wollen den Menschen nicht nur helfen, dass sie an ihrem Arbeitsplatz ihr Potenzial ausschöpfen und dabei erfolgreich sind, sondern dass sie auch eine bessere Teamfähigkeit entwickeln.

Geben wir die Quelle der Informationen preis, die uns zur Kritik veranlassen?

Wir geben dem Kritisierten die Quelle der Kritik häufig nicht preis, weil wir nicht wollen, dass der »Informant« später dafür büßen muss.	→ Wir sind ehrlich, weil wir überzeugt sind, dass ein offenes Gespräch über das Problem allen Beteiligten hilft.

Zu welchem Zeitpunkt äußern wir die Kritik?

Zuerst ertragen wir das Verhalten des anderen mit Geduld und schließen die Augen vor dem Problem. Wir sprechen erst dann mit dem Betreffenden, wenn wir die Situation nicht mehr aushalten können.	→ Wir verabreden mit dem Betreffenden einen Zeitpunkt für ein Gespräch, um die Angelegenheit mit ihm zu diskutieren.

Wer gibt das kritische Feedback ab?

Die anderen werden von jedem gelobt oder kritisiert, der gerade zufällig anwesend ist. Wir sollten über alles reden können, und die anderen sollten lernen, Kritik einzustecken.	→ Kritik wird vorzugsweise von einer einzigen Person oder einer sehr kleinen Gruppe vorgebracht. Selbst wenn die Kritik gerechtfertigt ist, können die Betroffenen es sehr leicht übel nehmen, wenn sie im Beisein anderer kritisiert werden.

Wie können wir jemandem sagen, dass uns ein bestimmter

Wir sagen der Person ohne Umschweife, was sie falsch macht.	→ Die meisten Menschen wissen genau, was sie nicht tun sollten. Also spricht man besser mit ihnen darüber, was sie tun sollen.

Wie rechtfertigen wir die Nendigkeit der Veränderung?

Wir machen dem Betreffenden klar, wie ärgerlich es für uns ist, wenn er sich weiterhin so verhält wie bisher.	→ Wir überlegen gemeinsam mit dem Betreffenden, inwieweit er selbst und auch die anderen davon profitieren würden, wenn er die Veränderungsvorschläge befolgen würde.

Wie motivieren wir den Betreffenden, unsere Vorschläge anzunehmen?

Wir betrachten den anderen als erwachsene und verantwortliche Person, die problemlos alleine ohne besondere Unterstützung oder Ermutigung vonseiten anderer klarkommen kann.	→ Wir weisen darauf hin, dass er in dieser Hinsicht bereits Fortschritte erzielt hat, und erklären ihm, weshalb die Veränderung unserer Überzeugung nach erfolgreich sein wird.

Wie bringen wir unseren Vorschlag vor?

Wir führen der Person deutlich vor Augen, welches Verhalten wir von ihr erwarten.	→ Nach Möglichkeit fragen wir die Person, was sie vorschlagen würde. Wir begrüßen ihre Vorschläge und motivieren sie, diese Vorschläge auf ihrem Weg zur Lösung sinnvoll zu realisieren.

Wie sorgen wir dafür, dass der Betreffende unsere Vorschläge auch tatsächlich befolgt?

Wir stellen Bedingungen – z. B., indem wir dem Betreffenden sagen: Wenn er mit diesem Verhalten nicht aufhört, wird das schlimme Folgen haben.	→ Wir fragen ihn, wie wir ihn bei der neuen Vorgehensweise unterstützen können.
Wir einigen uns darauf, dass jemand ein Auge auf ihn wirft, um sicherzustellen, dass er die Sache wirklich erledigt.	→ Wenn es der Person schwerfällt, sich mit dem neuen Ansatz anzufreunden, lassen wir sie selbst einen Vorschlag machen, wie es am besten weitergehen könnte.
Wenn nach einer Weile keine Veränderung eintritt, geben wir den Versuch resigniert auf und überlassen das Feld einem kompetenteren oder »überzeugenderen« Kollegen.	→ Gemeinsam mit der betreffenden Person entwickeln wir eine Methode, mit der wir die neue Vorgehensweise testen können.
	→ Wir geben der Person die Gelegenheit zu zeigen, dass sie in der Lage ist, wie vereinbart zu handeln.
	→ Wir vereinbaren mit der Person einen späteren Termin für ein kurzes Folgegespräch, in dem wir uns über die Erfahrungen mit der neuen Vorgehensweise austauschen.

Wie »überwachen« wir den Fortschritt des Betreffenden, nachdem wir ihm unser Feedback gegeben haben?

Wir beobachten, ob die Veränderung dauerhaft oder nur vorübergehender Natur ist.	→ Wir achten auf Fortschritte und zeigen dem Betreffenden unsere Anerkennung dafür.

Wie sehen wir die Tatsache, dass der Betreffende sein Verhalten nicht ändert, obwohl wir ihn mehrere Male dazu aufgefordert haben?

Es könnte sein, dass der Betreffende nicht qualifiziert ist; dass er keine Kritik einstecken kann; dass er mit anderen nicht zusammenarbeiten kann; dass er kein Pflichtbewusstsein hat; dass er die Dinge auf die leichte Schulter nimmt; dass er unsensibel ist; dass seine sozialen Fähigkeiten unterentwickelt sind; dass er der übertragenen Aufgabe nicht gewachsen ist; oder dass er einfach die falsche Person für diese Arbeit ist. Die Antwort kann sich jeder selbst aussuchen.	→ Gewohnheiten und Geisteshaltungen zu ändern ist zwar für alle Menschen schwierig, aber trotzdem könnte sich in der individuellen Situation des Betreffenden eine Erklärung dafür finden, weshalb die Veränderung gerade ihm so schwerfällt. Vielleicht hat er die neue Arbeitsweise noch nicht erlernt, oder vielleicht hindern seine Lebensumstände ihn daran, sich anders zu verhalten. Das Problem, wieso sich jemand so und nicht anders verhält, ist nicht annähernd so interessant wie die Frage, wie man ihm zur Veränderung verhelfen kann.

Wie kommt das Feedback bei dem Betreffenden an?

»Ich bekam zu hören, wie schlecht ich meine Arbeit mache.«	→ »Ich hatte eine Sitzung, in der wir über meine Arbeit gesprochen haben.«
»Man hat mir eine Standpauke gehalten.«	→ »Er scheint wegen mir beunruhigt zu sein und will mir helfen.«
»Er schätzt mich nicht und will mich wahrscheinlich rausschmeißen.«	→ »Er scheint meine Arbeit zu schätzen.«
»Er muss glauben, dass ich eine ziemliche Flasche bin.«	→ »Ich habe gute Ratschläge und Anregungen bekommen.«

Kritische Rückmeldung annehmen

»Können Sie Kritik annehmen?«

»Kann ich, wenn sie gut begründet ist.«

»Und wenn sie das nicht ist?«

Gut begründete Kritik anzunehmen ist nicht besonders schwer. Doch der Härtetest für Ihre Fähigkeit, Kritik an sich ranzulassen, kommt dann, wenn Sie mit unbegründeter Kritik konfrontiert sind.

Die Fähigkeit, Kritik einzustecken, muss man erst erwerben; denn instinktiv verteidigen wir uns, wenn wir kritisiert werden. In die Defensive zu gehen ist eine völlig normale menschliche Reaktion, die aber die Kommunikation mit dem Kritiker erschwert. Wenn der Kritisierte sich wehrt, gewinnt der Kritiker schnell den Eindruck, dass der andere ihm nicht zuhört. Im schlimmsten Fall gelangt der Kritisierende zu der Einsicht, dass der andere unfähig oder nicht bereit ist, Kritik einzustecken.

Mitarbeitende im Kundenservice sind im Allgemeinen sehr geschickt darin, mit Kritik umzugehen (selbst wenn sie völlig ungerechtfertigt ist). Sie wissen, dass sie nur durch bestimmte Reaktionen dafür sorgen können, dass die jeweilige Angelegenheit für alle Beteiligten akzeptabel gelöst werden kann:

- Hören Sie der Person, die etwas kritisiert, gut zu.
- Danken Sie dem Kritiker dafür, dass er Sie auf das Problem aufmerksam gemacht hat.
- Überlegen Sie gemeinsam mit den Kritisierenden, wie man das Problem am besten löst.
- Machen Sie sich dann auch gemeinsam Gedanken darüber, wie sich ähnliche Situationen in Zukunft vermeiden lassen.

Es lohnt sich sehr, sich die Fähigkeit zuzulegen, gut auf Kritik zu reagieren, denn das Leben bietet einem so viele Gelegenheiten, diese Kompetenz – sowohl im Beruf als auch im Privatleben – einzusetzen.

Im Folgenden beschreiben wir, wie man in sechs Schritten erfolgreich auf Kritik reagieren kann.

Hören Sie zu!

Verteidigen Sie sich nicht (auch wenn Sie das vielleicht gerne tun würden):

»Schießen Sie los.«

»Ich bin ganz Ohr.«

»Es interessiert mich, was Sie zu sagen haben.«

»Sagen Sie mir doch bitte, wo es klemmt.«

Bedanken Sie sich!

Danken Sie der kritisierenden Person, dass sie Sie über das Problem informiert hat:

»Es ist mir wichtig, ein ehrliches Feedback zu bekommen.«

»Ich bin Ihnen dankbar, dass Sie mir das jetzt offen und ehrlich gesagt haben.«

»Eigentlich mag ich Ihren aggressiven Ton ja nicht, aber ich bin froh, dass Sie darüber gesprochen haben.«

Akzeptieren Sie die emotionale Reaktion!

Zeigen Sie Verständnis für die emotionale Reaktion des Kritisierenden:

»Ich verstehe vollkommen, dass Sie sich über die Situation aufregen.«

»Es überrascht mich nicht, dass Sie wütend sind.«

»Ich wäre auch etwas verwundert, wenn mir das passieren würde.«

Entschuldigen Sie sich für das Geschehene!

Sagen Sie klipp und klar, dass Ihnen der Vorfall leidtut:

»Es tut mir leid, was geschehen ist.«

»Es tut uns wirklich leid, dass das passieren konnte.«

Verwandeln Sie die Kritik in eine Hoffnung, die erfüllbar ist!

Vergewissern Sie sich, dass Sie die Erwartungen des Kritisierenden richtig einschätzen:

»Was soll ich Ihrer Meinung nach in Zukunft tun, wenn so etwas wieder passiert?«

»Wenn ich Sie recht verstanden habe, soll ich ..., wenn das noch einmal passiert ...«

>»Ich habe den Eindruck, es wäre Ihnen recht, wenn ich ...«
>
>»Ich habe mir diesen (kritischen) Bericht genau angeschaut. Dabei sind mir ein paar Punkte aufgefallen, die ich vermutlich beherzigen soll. Ist das richtig?«

Treffen Sie eine Vereinbarung!

Treffen Sie mit dem Kritisierenden auf jeden Fall eine Vereinbarung:

>»Ich werde mein Bestes tun. Sind wir uns einig, dass von nun an ...?«
>
>»Wir sollten uns in einer Woche wiedertreffen und schauen, ob sich die Dinge inzwischen gebessert haben.«
>
>»Sie müssen mir versprechen, dass Sie mir in dieser Angelegenheit sofort Bescheid sagen, wenn es dazu einen Anlass gibt.«

Fragen für die Diskussion über Kritik

- Welche Form von Kritik ist besonders kränkend?
- Welche Art der Kritik lässt sich als »konstruktiv« bezeichnen?
- In welchen Situationen sollte man am besten keine Kritik üben?
- Sie wollen jemanden nicht kritisieren, hätten aber gerne, dass er sein Verhalten ändert. Was können Sie stattdessen tun?
- Warum ist es viel leichter, Ratschläge und Wünsche anzunehmen als Kritik?
- Wie sollten wir grundsätzlich auf kritische Rückmeldungen, Vorwürfe und Zurechtweisungen reagieren?
- Warum fällt es vielen Menschen schwer, Kritik einzustecken?
- Warum kann der eine kritisches Feedback relativ leicht annehmen, während sich der andere damit schwertut?
- Welche Art von Kritik darf jeder zu Recht ignorieren?

Anhang

Mögliche Antworten für die Übung auf S. 60

1. Wir könnten hier einiges tun, damit alle zufriedener sind. Woran sollten wir arbeiten, damit jeder sich zufriedener fühlt?
2. Wenn du morgen daran denkst, dein Bett zu machen, bevor du zur Schule gehst, gibt es am Abend eine kleine Überraschung für dich – die wird aber noch nicht verraten.
3. Ich fände es toll, wenn du das irgendwann aus eigener Initiative tun würdest. Falls ich es dann nicht bemerken sollte, darfst du mir auf die Finger klopfen.
4. Es wäre schon schön, wenn wir manchmal eine positive Rückmeldung von unserem Chef bekämen.
5. Ich habe an einem Kurs über positives Denken teilgenommen, und da haben wir genau über die Dinge gesprochen, die uns hier auch beschäftigen.
6. Die Rechnungen müssen immer noch am Ausstellungstag verschickt werden. Wie können wir das sicherstellen? Was schlagen Sie vor?
7. Ich habe darüber nachgedacht, wie wir gewährleisten können, dass unsere Kunden immer ein paar Basisinformationen über uns bekommen, bevor wir zu einem Gesprächstermin zusammenkommen.
8. Es sollte jedem klar sein: Wer das Toilettenpapier aufbraucht, muss eine neue Rolle hinhängen.

Über die Autoren

BEN FURMAN, Psychiater und Psychotherapeut, ist Mitbegründer des Helsinki Brief Therapy Institute. Er ist anerkannter Experte für lösungsfokussierte Therapie, Beratung und Pädagogik und entwickelte das lösungsfokussierte Lern- und Arbeitsprogramm »Ich schaff´s«. Publikationen u. a.: *Ich schaffs! Spielerisch und praktisch Lösungen mit Kindern finden – Das 15-Schritte-Programm für Eltern, Erzieher und Therapeuten* (9. Aufl. 2021), *Gut gemacht! Das „Ich-schaffs!"-Programm für Eltern und andere Erzieher* (4. Aufl. 2021).

Kontakt: www.benfurman.com, www.brieftherapy.fi

TAPANI AHOLA ist Sozialpsychologe und arbeitet seit 1985 als Supervisor, Berater, Dozent, Ausbilder und Betreuer. Er ist ein bekannter Experte und Innovator auf dem Gebiet der lösungsorientierten Kommunikation. Zusammen mit Ben Furman gründete er 1986 das Helsinki Brief Therapy Institute.

Kontakt: www.brieftherapy.fi

Gemeinsam veröffentlichten sie u. a. die Bücher *Raus aus dem Tief. Übungen für mehr Lebensfreude* (2. Aufl. 2018) und *Es ist nie zu spät, erfolgreich zu sein. Ein lösungsfokussiertes Programm für Coaching von Organisationen, Teams und Einzelpersonen* (3. Aufl. 2021).

Wilhelm Geisbauer

Reteaming und Neue Autorität

Lösungsorientiert in eine neue Arbeitswelt

Mit einem Geleitwort von Günther Frosch

171 Seiten, Kt, 2023
ISBN 978-3-8497-0479-7

„In den über 20 Jahren meiner Berufstätigkeit, in denen ich Teams führen und entwickeln durfte, war der Reteaming-Ansatz derjenige, der mir am nachhaltigsten dabei geholfen hat, eine Zusammenarbeit zu ermöglichen, die durch Freude, stetiges Lernen und herausragende Team-Leistungen geprägt ist. Die Verknüpfung von lösungsorientierter Teamentwicklung mit dem Konzept des Führens mit Neuer Autorität schafft einen umfassenden, flexiblen Rahmen, um sich als Führungsperson zu orientieren, zu reflektieren und weiterzuentwickeln. Das Buch ist ein kluges und vielseitig anwendbares Kompendium für alle, die Teams für Krisen und Veränderungen stärken wollen." Monika Leipoldt
Community Managerin, Siemens AG

„In dieses Buch fließen Geisbauers reichhaltiges Wissen und Erfahrungen aus seiner beraterischen Arbeit mit Reteaming und dem Führungsansatz der Neuen Autorität auf geschmeidige und sich ergänzende Art zusammen. Sowohl aktuelle Entwicklungen in der Arbeitswelt, die vor allem durch die Krisen der letzten Jahre angestoßen oder verstärkt wurden, als auch Fragestellungen im Zusammenhang mit unterschiedlichen Bedürfnissen der Generationen sowie ein sinnvoller Umgang mit Erschöpfungszuständen von Mitarbeitenden aus der Perspektive Beratung, Führung und Organisation finden Eingang. Gerade in der heutigen Zeit, in der man aufgrund der globalen und lokalen Multisystemkrisen verzweifeln mag, sind diese im Buch vorgestellten Methoden und Haltungen ein wichtiger Beitrag, um Handlungsfähigkeit und Zuversicht (wieder) zu entwickeln." Claudia Seefeldt
isi – institut für Systemische Impulse, Entwicklung und Führung

Carl-Auer Verlag • www.carl-auer.de